Rasabattula Koti Babu

Monitoramento de parâmetros de geração de energia híbrida em rodovias inteligentes

Rasabattula Koti Babu

Monitoramento de parâmetros de geração de energia híbrida em rodovias inteligentes

Auto-estradas inteligentes

ScienciaScripts

Cover image: www.ingimage.com

This book is a translation from the original published under ISBN 978-620-7-99532-5.

Publisher:
Sciencia Scripts
is a trademark of
Dodo Books Indian Ocean Ltd. and OmniScriptum S.R.L publishing group

120 High Road, East Finchley, London, N2 9ED, United Kingdom
Str. Armeneasca 28/1, office 1, Chisinau MD-2012, Republic of Moldova, Europe
Printed at: see last page
ISBN: 978-620-8-17043-1

MONITORIZAÇÃO DOS PARÂMETROS DE PRODUÇÃO DE ENERGIA HÍBRIDA EM AUTO-ESTRADAS INTELIGENTES

Índice

CAPÍTULO 1 : INTRODUÇÃO

1.1 GERAL

Com a crescente procura de fontes de energia sustentáveis, as energias solar e eólica surgiram como alternativas proeminentes aos combustíveis fósseis. No entanto, uma gestão e monitorização eficientes destes sistemas de energia renovável são essenciais para maximizar o seu potencial. Este projeto apresenta um sistema de monitorização baseado em microcontroladores Arduino, que permite a recolha e análise de dados em tempo real da produção de energia solar e eólica. Ao monitorizar parâmetros-chave como a tensão, a corrente e a potência de saída, este sistema facilita a tomada de decisões informadas e a otimização dos recursos de energia renovável

1.2 Âmbito do projeto

O âmbito deste projeto inclui a conceção e implementação de um sistema de monitorização capaz de medir parâmetros de energia solar e eólica utilizando microcontroladores Arduino. O sistema utilizará sensores e transdutores para capturar dados de irradiância solar, tensão do painel, velocidade do vento, velocidade de rotação da turbina e outras métricas relevantes. Os dados recolhidos pelas placas Arduino serão processados e apresentados numa interface de fácil utilização, fornecendo informações sobre a produção de energia e o desempenho do sistema. Adicionalmente, o projeto pode explorar a integração de módulos de comunicação sem fios para monitorização e controlo remoto de sistemas de energias renováveis.

1.3 Sistema existente:

O sistema atual de monitorização da energia solar e da energia eólica assenta frequentemente em soluções proprietárias de hardware e software, que podem ser dispendiosas e limitadas em termos de flexibilidade e acessibilidade. Estes sistemas podem consistir em registadores de dados especializados, sensores e software de monitorização fornecidos por fabricantes ou fornecedores terceiros. Embora ofereçam algum grau de monitorização em tempo real e capacidades de análise de dados, são frequentemente adaptados a aplicações específicas e podem não ser interoperáveis com outros sistemas.

Além disso, os sistemas existentes podem exigir instalação e configuração profissionais, o que os torna menos acessíveis aos utilizadores de pequena escala ou aos entusiastas da bricolage. Além disso, a integração com os sistemas de gestão de energia existentes ou com as plataformas de automatização doméstica inteligente pode ser um desafio devido a problemas de compatibilidade e protocolos proprietários.

CAPÍTULO 2 : SISTEMA PROPOSTO

O sistema proposto visa resolver as limitações das soluções existentes, tirando partido dos microcontroladores Arduino para uma monitorização económica e personalizável da energia solar e da energia eólica. Utilizando sensores e transdutores prontos a utilizar, o sistema pode medir parâmetros-chave como a tensão solar, a temperatura, a corrente, a tensão do painel, etc. As placas Arduino processam os dados recolhidos e transmitem-nos a uma unidade central de processamento para análise e visualização. Além disso, a utilização de componentes de hardware e software de código aberto garante a interoperabilidade com outros sistemas e facilita o desenvolvimento e o apoio da comunidade. Além disso, o sistema proposto oferece uma interface de fácil utilização para visualização e análise de dados, permitindo aos utilizadores monitorizar a produção de energia, acompanhar as tendências de desempenho e identificar potenciais problemas. A integração com módulos de comunicação sem fios permite a monitorização e o controlo remotos, proporcionando aos utilizadores maior flexibilidade e comodidade.

No sistema proposto, estamos a implementar o controlo automático da intensidade da luz com base na energia híbrida. Neste sistema proposto, estamos a implementar sempre que a intensidade da luz será baixa, automaticamente a luz acenderá na intensidade mínima e, além disso, também estamos a implementar sempre que o veículo ou a pessoa passa para a área, o sensor ir detecta automaticamente o objeto e o sistema ajusta automaticamente a intensidade da luz no nível máximo e, se não houver nenhum objeto detectado, a luz permanecerá no estado constante e também sempre que a intensidade da luz for brilhante, as luzes serão desligadas automaticamente.

2.1 DIAGRAMA DE BLOCOS

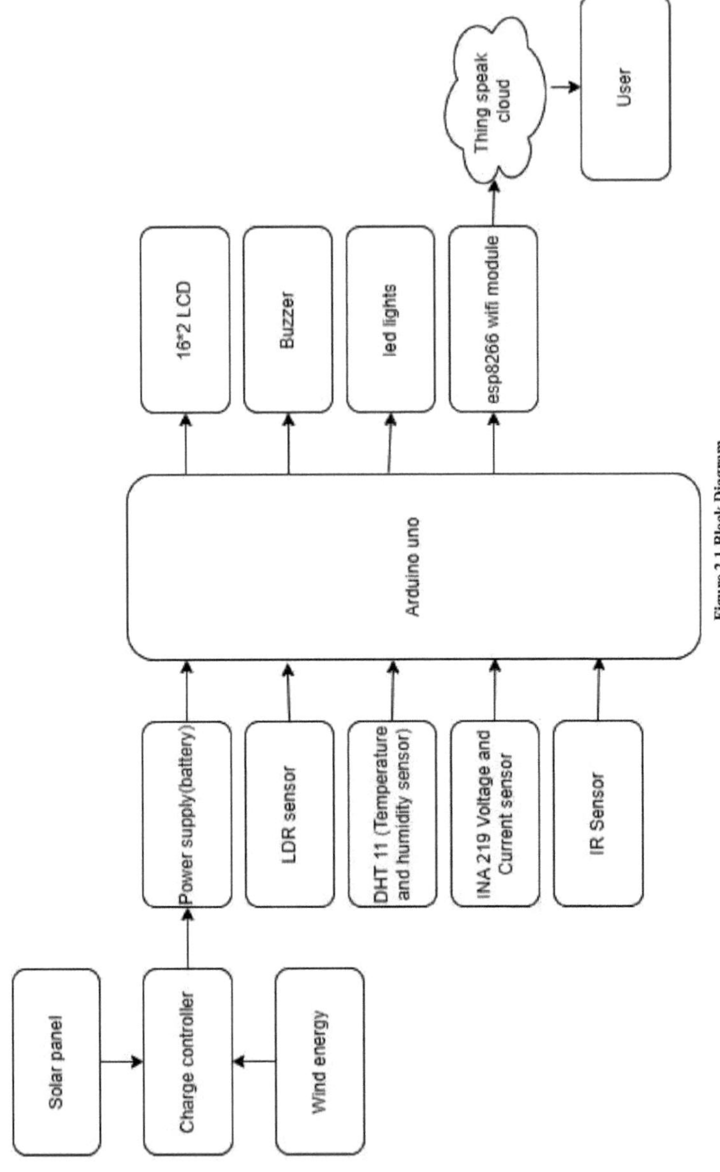

Figure 2.1 Block Diagram

2.2 VANTAGENS E APLICAÇÕES

2.2.1 VANTAGENS

1. Eficiência energética: A principal vantagem de um sistema deste tipo é a melhoria da eficiência energética. Ao ajustar dinamicamente a intensidade das luzes de rua com base em factores como os níveis de luz ambiente e os padrões de tráfego, o sistema pode reduzir significativamente o consumo de energia durante períodos de baixa atividade ou quando a luz natural é suficiente.
2. Poupança de custos: A redução do consumo de energia leva a uma poupança de custos para os municípios e organizações responsáveis pela iluminação pública. Ao longo do tempo, estas poupanças podem ser substanciais, contribuindo para a otimização do orçamento.
3. Benefícios ambientais: Um menor consumo de energia traduz-se numa redução da pegada de carbono e das emissões de gases com efeito de estufa. Isto alinha-se com os objectivos de sustentabilidade e as iniciativas ambientais, promovendo uma comunidade mais verde e mais amiga do ambiente.
4. Aumento da vida útil dos aparelhos de iluminação: Diminuir ou desligar as luzes da rua quando não são necessárias pode prolongar a vida útil dos aparelhos de iluminação. Isto reduz os custos de manutenção associados à substituição de lâmpadas e luminárias, bem como o incómodo das falhas de iluminação pública.
5. Iluminação adaptável: Os sistemas inteligentes podem adaptar-se às condições em mudança em tempo real. Por exemplo, podem iluminar as luzes da rua quando é detectado movimento, melhorando a segurança dos peões e dos condutores. Este comportamento adaptativo aumenta a segurança geral na área.

2.2.2 APLICAÇÕES:

1. **Iluminação pública urbana:**
    1. Instalar o sistema em ruas urbanas para ajustar automaticamente o brilho das luzes de rua com base nas condições de luz ambiente e na deteção de movimento.
2. **Estradas e vias rápidas:**
    1. Implementar o sistema em auto-estradas e vias principais para garantir uma

iluminação óptima e poupar energia durante as horas de menor tráfego.

3. **Zonas residenciais:**
    1. Utilizar o sistema em bairros residenciais para garantir uma iluminação segura, reduzindo a poluição luminosa e o consumo de energia.
4. **Áreas comerciais:**
    1. Aplicar o sistema nas zonas comerciais para assegurar uma iluminação adequada às empresas e aos peões, poupando energia nas horas de vazio.
5. **Parques públicos:**
    1. Instalar o sistema em parques públicos para iluminar os utilizadores do parque e conservar a energia quando o parque está fechado.
6. **Passadeiras para peões:**
    1. Utilizar o sistema ao longo das passagens pedonais, garantindo a segurança dos peões e dos ciclistas e poupando energia fora das horas de ponta.
7. **Parques de estacionamento:**
    1. Implementar o sistema nos parques de estacionamento para os iluminar quando estão presentes veículos ou peões, reduzindo o consumo de energia durante os períodos de vazio.
8. **Áreas remotas:**
    1. Implementar o sistema em locais remotos ou fora da rede, onde a conservação de energia é crítica devido à limitação dos recursos energéticos.
9. **Sítios históricos:**
    1. Aplicar o sistema em bairros históricos para preservar o ambiente da zona e minimizar o consumo de energia durante a noite.

CAPÍTULO 3 : DESCRIÇÃO DO HARDWARE

3.1 Arduino

O Arduino é um processador físico de fonte aberta que se baseia numa placa de microcontroladores e num ambiente de desenvolvimento incorporado para a placa ser programada. O Arduino recebe algumas entradas, por exemplo, interruptores ou sensores e controla algumas saídas múltiplas, por exemplo, luzes, motor e outros. O programa Arduino pode ser executado nos sistemas operativos (SO) Windows, Macintosh e Linux, ao contrário da maioria das estruturas dos microcontroladores, que apenas funcionam no Windows. A programação do Arduino é fácil de aprender e de aplicar por principiantes e amadores. O Arduino é um instrumento utilizado para construir uma versão melhorada de um computador que pode controlar, interagir e sentir mais do que um computador de secretária normal. Trata-se de uma fase de processamento físico de código aberto centrada numa placa de microcontrolador simples e num ambiente para a criação de programas para a placa. O Arduino pode ser utilizado para criar itens interactivos, recebendo entradas de um conjunto diversificado de interruptores ou sensores e controlando um conjunto de luzes, motores e outras saídas físicas. As actividades do Arduino podem permanecer solitárias ou podem ser associadas a programas executados na sua máquina (por exemplo, Flash, Processing e Maxmsp).

3.1.1 Porquê escolher o Arduino

Existem vários microcontroladores e plataformas de microcontroladores acessíveis para a computação física. O Parallax Basic Stamp, o BX-24 da Netmedia, o Phidgets, o Handyboard do MIT e muitos outros oferecem uma utilidade comparativa. Estes aparelhos pegam nos elementos caóticos e subtis da programação de microcontroladores e embrulham-nos num pacote simples de utilizar. Além disso, o Arduino reorganiza a metodologia de trabalho com microcontroladores; além disso, oferece algumas vantagens para instrutores, estudantes e indivíduos interessados: Barato - As placas Arduino são moderadamente baratas em comparação com outras placas de microcontroladores. A versão mais barata do módulo Arduino pode ser montada à mão, e mesmo os módulos Arduino pré-montados custam menos de 50 dólares.

Plataforma cruzada - A programação do Arduino funciona em vários sistemas operativos Windows, Macintosh OSX e Linux. Concluímos, assim, que o Arduino tem uma vantagem, uma vez que a maioria das estruturas de microcontroladores estão limitadas ao Windows. Método de programação simples e claro - O ambiente de programação Arduino é fácil de utilizar para os principiantes, mas suficientemente versátil para que os clientes mais avançados também se aventurem. Para os educadores, o ambiente de programação Processing é muito favorável, pelo que os estudantes que estão a descobrir formas de compreender como programar nesse ambiente estarão familiarizados com a natureza do Arduino. Programação de fonte aberta e extensível.

A linguagem de programação Arduino está disponível como código aberto, disponível para desenvolvimento por engenheiros experientes. A linguagem pode ser alcançada através de bibliotecas C++, e as pessoas que esperam compreender os objectivos específicos de diferentes interesses podem dar o salto do Arduino para a linguagem de programação AVR C em que se baseia. Basicamente, é possível incorporar claramente o código AVR-C nos programas Arduino, se necessário. Hardware de fonte aberta e extensível - O Arduino concentra-se nos microcontroladores Atmega8 e Atmega168 da Atmel. Os planos para os módulos são distribuídos ao abrigo de uma licença Creative Commons, pelo que os projectistas de circuitos experientes podem fazer a sua própria interpretação particular do módulo, ampliando-o e melhorando-o. Os clientes ligeiramente inexperientes podem construir a variação da placa de ensaio do módulo, lembrando-se do objetivo final para perceber como funciona e poupar dinheiro.

3.1.2 ARDUINO UNO:

O Arduino Uno é uma placa de microcontroladores baseada no ATmega328 (folha de dados). Tem 14 pinos de entrada/saída digitais (dos quais 6 podem ser utilizados como saídas PWM), 6 entradas analógicas, um oscilador de cristal de 16 MHz, uma ligação USB, uma tomada de alimentação, um conetor ICSP e um botão de reset. Contém tudo o que é necessário para suportar o microcontrolador; basta ligá-lo a um computador com um cabo USB ou alimentá-lo com um adaptador AC-to-DC ou bateria para começar. O Uno difere de todas as placas anteriores na medida em que não utiliza o chip de driver USB-para-serial FTDI. Em vez disso, ele possui o Atmega8U2 programado como um conversor USB-para-serial. "Uno" significa um em italiano e é nomeado para marcar o próximo lançamento do Arduino 1.0. O Uno e a versão 1.0 serão as versões de referência do Arduno, daqui para a frente. O Uno é a última de uma série de placas USB Arduino e o modelo de referência para a plataforma Arduino; **Especificações técnicas do arduino:**

Microcontrolador: ATmega328

Tensão de funcionamento: 5V

Tensão de entrada (recomendada):

7-12VTensão de entrada (limites): 6

20V

Pinos de E/S digitais 14 (dos quais 6 fornecem PWM

saída)Pinos de entrada analógica 6

Corrente DC por pino de E/S 40

mA Corrente DC para 3,3 V

Pino 50 mAFlash Memória

32 KB dos quais 0,5 KB

utilizado pelobootloader

SRAM 2 KB

EEPROM 1 KB

Velocidade do relógio 16 MHz

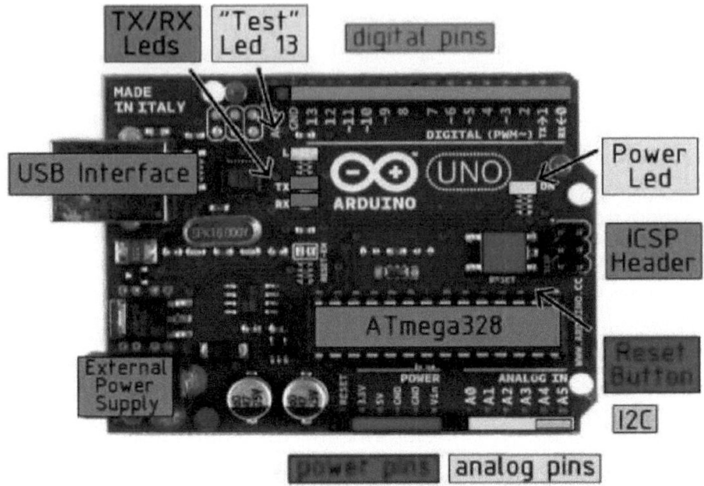

3.1 Arduino UNO

MEMÓRIA:

O Atmega328 tem 32 KB de memória flash para armazenar código (dos quais 0,5 KB são utilizados para o carregador de arranque); tem também 2 KB de SRAM e 1 KB de EEPROM (que pode ser lida e escrita com a biblioteca EEPROM).

ENTRADA/SAÍDA

Cada um dos 14 pinos digitais do Uno pode ser usado como entrada ou saída, usando as funções pinMode(), digitalWrite() e digitalRead(). Eles operam a 5 volts. Cada pino pode fornecer ou receber um máximo de 40 mA e tem uma resistência de pull-up interna (desligada por defeito) de 20-50 kOhms. Além disso, alguns pinos têm funções especializadas:

- Série: 0 (RX) e 1 (TX). Utilizados para receber (RX) e transmitir (TX) dados de série TTL. Estes pinos estão ligados aos pinos correspondentes do chip ATmega8U2 USB-to-TTL Serial

- Interrupções externas: 2 e 3. Estes pinos podem ser configurados para acionar uma interrupção num valor baixo, num bordo ascendente ou descendente, ou numa alteração de valor. Para mais pormenores, consulte a função attachInterrupt().

• PWM: 3, 5, 6, 9, 10 e 11. Fornecer saída PWM de 8 bits com a função analogWrite()

-SPI: 10 (SS), 11 (MOSI), 12 (MISO), 13 (SCK). Estes pinos suportam Comunicação SPI, que, embora fornecida pelo hardware subjacente, não está atualmente incluída na linguagem Arduino.

• LED: 13. Existe um LED incorporado ligado ao pino digital 13. Quando o pino tem um valor ALTO, o LED está ligado, quando o pino está BAIXO, está desligado. O Uno tem 6 entradas analógicas, cada uma com 10bits de resolução (ou seja, 1024 valores diferentes). Por padrão, elas medem de terra a 5 volts, embora seja possível alterar a extremidade superior de sua faixa usando o pino AREF e a função analogReference(). Além disso, alguns pinos têm funcionalidade especializada:

• I 2C: 4 (SDA) e 5 (SCL). Suporta comunicação I2C (TWI) usando a biblioteca Wire. Existem alguns outros pinos na placa:

• AREF. Tensão de referência para as entradas analógicas. Utilizada com analogReference().

• Reiniciar. Colocar esta linha em BAIXO para reiniciar o microcontrolador. Tipicamente usado para adicionar um botão de reset a shields que bloqueiam o que está na placa.

COMUNICAÇÃO

O Arduino Uno tem uma série de facilidades para comunicar com um computador, outro Arduino ou outros microcontroladores. O ATmega328 fornece comunicação serial UART TTL (5V), que está disponível nos pinos digitais 0 (RX) e 1 (TX). Um ATmega8U2 na placa canaliza esta comunicação série através de USB e aparece como uma porta COM virtual para o software no computador. O firmware do '8U2 usa os drivers USB COM padrão, e nenhum driver externo é necessário. No entanto, no Windows, é necessário um ficheiro *.inf. O software Arduino inclui um monitor de série que permite que dados textuais simples sejam

enviados de e para a placa Arduino. Os LEDs RX e TX na placa piscarão quando os dados estiverem a ser transmitidos através do chipUSB-toserial e da ligação USB ao computador (mas não para a comunicação em série nos pinos 0 e 1). Uma biblioteca SoftwareSerial permite a comunicação em série em qualquer um dos pinos digitais do Uno.

O ATmega328 também suporta comunicação I2C (TWI) e SPI. O software Arduino inclui uma biblioteca Wire para simplificar a utilização do bus I2C; consulte a documentação para mais pormenores. Para utilizar a comunicação SPI, consulte a folha de dados do ATmega328.

3.2 Programação

O Arduino Uno pode ser programado com o software Arduino. O ATmega328 no Arduino Uno vem pré-carregado com um bootloader que lhe permite carregar novo código sem a utilização de um programador de hardware externo. Ele se comunica usando o protocolo STK500 original (referência, arquivos de cabeçalho C). Também é possível ignorar o carregador de arranque e programar o microcontrolador através do cabeçalho ICSP (In Circuit Serial Programming); consulte estas instruções para mais pormenores. O código fonte do firmware do ATmega16U2 (ou 8U2 nas placas rev1 e rev2) está disponível . O ATmega16U2/8U2 está carregado com um carregador de arranque DFU, que pode ser ativado por: Nas placas Rev1: conectando o jumper de solda na parte de trás da placa (perto do mapa da Itália) e, em seguida, reiniciando o 8U2. 10 Nas placas Rev2 ou posteriores: existe uma resistência que liga a linha HWB do 8U2/16U2 à terra, facilitando a colocação em modo DFU. Pode então utilizar o software FLIP da Atmel (Windows) ou o programador DFU (Mac OS X e Linux) para carregar novo firmware. Ou pode usar o cabeçalho ISP com um programador externo (sobrescrevendo o bootloader DFU). Veja este tutorial contribuído pelo utilizador para mais informações.

3.3 Reinicialização automática (software)

Em vez de ser necessário premir fisicamente o botão de reset antes de fazer um upload, o Arduino Uno foi concebido de forma a permitir o seu reset através de software executado num computador ligado. Uma das linhas de controlo de fluxo do hardware (DTR) do ATmega8U2/16U2 está ligada à linha de reset do ATmega328 através de um condensador de 100 nanofarad. Quando esta linha é afirmada (tomada baixa), a linha de reset cai o tempo suficiente para reiniciar o chip. O software Arduino utiliza esta capacidade para lhe permitir carregar código premindo simplesmente o botão de carregamento no ambiente Arduino. Isto significa que o carregador de arranque pode ter um tempo limite mais curto, uma vez que a descida do DTR pode ser bem coordenada com o início do carregamento. Esta configuração tem outras implicações. Quando o Uno está ligado a um computador a correr Mac OS X ou Linux, reinicia sempre que é feita uma ligação a partir do software (via USB). Durante o meio segundo seguinte, mais ou menos, o bootloader está a correr no Uno. Embora esteja programado para ignorar dados malformados (i.e. qualquer coisa para além de um upload de novo código), irá intercetar os primeiros bytes de dados enviados para a placa depois de uma ligação ser aberta. Se um sketch a correr na placa recebe configuração única ou outros dados quando inicia pela primeira vez, certifique-se de que o software com o qual comunica espera um segundo após abrir a ligação e antes de enviar estes dados. O Uno contém um traço que pode ser cortado para desativar a reinicialização automática. Os pads de cada lado do traço podem ser soldados entre si para o reativar. Está identificado como "RESET-EN". Também pode ser possível desativar o reset automático ligando uma resistência de 110 ohm de 5V à linha de reset.

3.4 Proteção contra sobreintensidades USB

O Arduino Uno tem um polifusível reiniciável que protege as portas USB do seu computador contra curto-circuitos e sobrecorrentes. Embora a maioria dos computadores forneça a sua própria proteção interna, o fusível fornece uma camada extra de proteção. Se forem aplicados mais de 500 mA à porta USB, o fusível interromperá automaticamente a ligação até que o curto-circuito ou a sobrecarga sejam eliminados.

3.5 Caraterísticas físicas

O comprimento e a largura máximos da placa de circuito impresso Uno são de 2,7 e 2,1 polegadas, respetivamente, com o conetor USB e a tomada de alimentação a prolongarem-se para além da primeira dimensão. Quatro orifícios para parafusos permitem que a placa seja fixada a uma superfície ou caixa. Note-se que a distância entre os pinos digitais 7 e 8 é de 160 mil (0,16"), não sendo um múltiplo par do espaçamento de 100 mil dos outros pinos.

3.6 Fonte de alimentação

Fonte de alimentação é uma referência a uma fonte de energia eléctrica. Um dispositivo ou sistema que fornece energia eléctrica ou outros tipos de energia a uma carga de saída ou a um grupo de cargas é designado por unidade de alimentação ou PSU. O termo é mais frequentemente aplicado a fontes de energia eléctrica, menos frequentemente a fontes mecânicas e raramente a outras

Esta secção da fonte de alimentação é necessária para converter o sinal AC em sinal DC e também para reduzir a amplitude do sinal. O sinal de tensão disponível da rede eléctrica é de 230V/50Hz que é uma tensão AC, mas o necessário é tensão DC (sem frequência) com a amplitude de +5V e +12V para várias aplicações.

Nesta secção, o transformador, o retificador de ponte, estão ligados em série e os reguladores de tensão para +5V e +12V (7805 e 7812) através de um condensador (1000µF) em paralelo estão ligados em paralelo, como se mostra no diagrama de circuito abaixo. Cada saída do regulador de tensão é novamente ligada aos condensadores de valores (100µF, 10µF, 1 µF, 0,1 µF) são ligados em paralelo através dos quais a saída correspondente (+5V ou +12V) é tida em consideração.

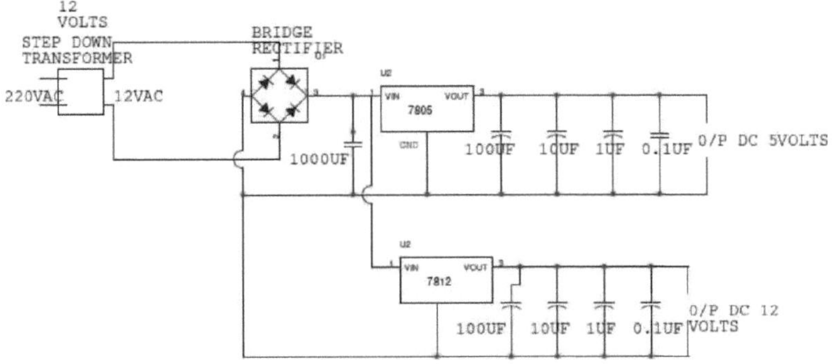

Fig 3.2 Diagrama do circuito

3.7 Regulador de tensão

Um regulador de tensão é um regulador elétrico concebido para manter automaticamente um nível de tensão constante. A série de dispositivos 78xx (também por vezes conhecida como LM78xx) é uma família de circuitos integrados reguladores de tensão linear fixos e autónomos. A família 78xx é uma escolha muito popular para muitos circuitos electrónicos que requerem uma fonte de alimentação regulada, devido à sua facilidade de utilização e ao seu relativo baixo custo. Ao especificar os circuitos integrados individuais desta família, o xx é substituído por um número de dois dígitos, que indica a tensão de saída que o dispositivo específico foi concebido para fornecer (por exemplo, o 7805 tem uma saída de 5 volts, enquanto o 7812 produz 12 volts). A linha

78xx é constituída por reguladores de tensão positiva, o que significa que foram concebidos para produzir uma tensão positiva relativamente a uma massa comum. Existe uma linha relacionada de dispositivos 79xx que são reguladores de tensão negativos complementares. Os CIs 78xx e 79xx podem ser utilizados em combinação para fornecer tensões de alimentação positivas e negativas no mesmo circuito, se necessário.

Os CIs 78xx têm três terminais e encontram-se mais frequentemente no formato TO220, embora alguns fabricantes disponibilizem também pacotes mais pequenos de montagem à superfície e pacotes maiores TrO3. Estes dispositivos suportam normalmente uma tensão de entrada que pode variar entre um par de volts acima da tensão de saída pretendida, até um máximo de 35 ou 40 volts, e podem normalmente fornecer até cerca de 1 ou 1,5 amperes de corrente (embora os pacotes mais pequenos ou maiores possam ter uma classificação de corrente inferior ou superior).

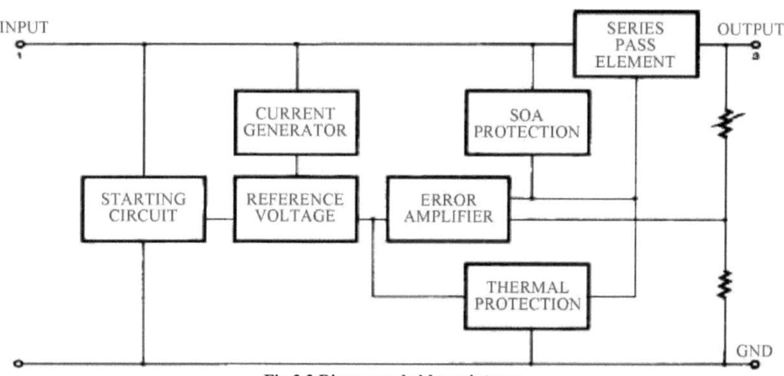

Fig 3.3 Diagrama de blocos interno

LCD:

Configuração de pinos do LCD 16×2 e seu funcionamento

Atualmente, utilizamos sempre os dispositivos que são constituídos por LCD, tais como leitores de CD, leitores de DVD, relógios digitais, computadores, etc. Estes são normalmente utilizados nas indústrias de ecrãs para substituir a utilização de CRT. Os tubos de raios catódicos consomem muita energia quando comparados com os LCD, e os CRT são mais pesados e maiores. Estes dispositivos são mais finos e o consumo de energia é extremamente reduzido. O princípio de funcionamento do LCD 16×2 é que bloqueia a luz em vez de a dissipar. Este artigo apresenta uma visão geral do LCD 16X2, a configuração dos pinos e o seu funcionamento.

O que é o LCD 16×2?

O termo LCD significa ecrã de cristais líquidos. É um tipo de módulo de visualização eletrónico utilizado numa vasta gama de aplicações, como vários circuitos e dispositivos como telemóveis, calculadoras, computadores, televisores, etc. Estes ecrãs são preferidos principalmente para díodos emissores de luz multi-segmentos e sete segmentos. As principais vantagens da utilização deste módulo são o seu baixo custo, a sua programação simples, as animações e o facto de não haver limitações para a apresentação de caracteres personalizados, animações especiais e até animações, etc.

Diagrama de pinos do LCD 16×2:

A pinagem do LCD 16×2 é mostrada abaixo.

- Pino1 (Pino de terra/fonte): Este é um pino GND do ecrã, utilizado para ligar o terminal GND da unidade do microcontrolador ou da fonte de alimentação.

- Pino2 (VCC/Pino da fonte): Este é o pino de alimentação de tensão do ecrã, utilizado para ligar o pino de alimentação da fonte de alimentação.
- Pino3 (V0/VEE/Pino de controlo): Este pino regula a diferença do ecrã, utilizado para ligar um POT variável que pode fornecer 0 a 5V.
- Pino4 (Pino de controlo/seleção de registo): Este pino alterna entre o registo de comando ou de dados, utilizado para ligar um pino da unidade do microcontrolador e obtém 0 ou 1 (0 = modo de dados e 1 = modo de comando).
- Pino5 (Pino de leitura/escrita/controlo): Este pino alterna o ecrã entre a operação de leitura ou escrita, e está ligado a um pino da unidade de microcontrolador para obter 0 ou 1 (0 = operação de escrita e 1 = operação de leitura).
- Pino 6 (Pino de ativação/controlo): Este pino deve ser mantido alto para executar o processo de leitura/escrita, e está ligado à unidade do microcontrolador e é constantemente mantido alto.
- Pinos 7-14 (Pinos de dados): Estes pinos são utilizados para enviar dados

para o ecrã. Estes pinos são ligados em modos de dois fios, como o modo de 4 fios e o modo de 8 fios. No modo de 4 fios, apenas quatro pinos estão ligados à unidade do microcontrolador, como 0 a 3, enquanto no modo de 8 fios, 8 pinos estão ligados à unidade do microcontrolador, como 0 a 7.

- Pino15 (pino +ve do LED): Este pino está ligado a +5V
- Pino 16 (pino -ve do LED): Este pino está ligado ao GND.

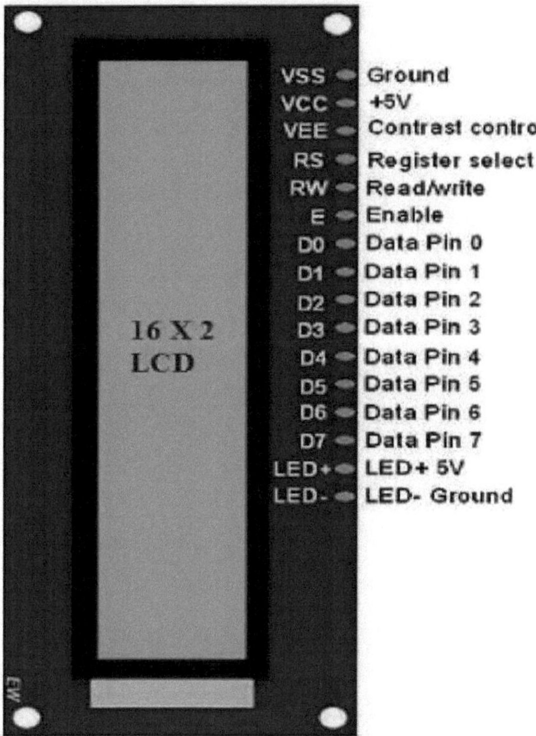

Fig 3.4 Diagrama de pinos do LCD-16×2

Caraterísticas do LCD16x2

As caraterísticas deste LCD incluem principalmente o seguinte.

- A tensão de funcionamento deste LCD é de 4,7V-5,3V
- Inclui duas linhas em que cada linha pode produzir 16 caracteres.
- A utilização da corrente é de 1mA sem retroiluminação

- Cada personagem pode ser construída com uma caixa de 5×8 píxeis
- Os LCD alfanuméricos alfabetos e números
- O ecrã pode funcionar em dois modos: 4 bits e 8 bits
- Estes estão disponíveis com retroiluminação azul e verde
- Apresenta alguns caracteres personalizados gerados

Registos do LCD

Um LCD 16×2 tem dois registos: o registo de dados e o registo de comandos. O RS (seleção de registo) é utilizado principalmente para mudar de um registo para outro. Quando o registo definido é "0", é conhecido como registo de comando. Da mesma forma, quando o registo definido é "1", é conhecido como registo de dados.

Registo de comandos

A principal função do registo de comandos é armazenar as instruções de comando que são dadas ao ecrã. Assim, podem ser executadas tarefas predefinidas, como limpar o ecrã, inicializar, definir a posição do cursor e controlar o ecrã. Aqui, o processamento dos comandos pode ocorrer dentro do registo.

Registo de dados

A principal função do registo de dados é armazenar a informação que deve ser apresentada no ecrã LCD. Aqui, o valor ASCII do carácter é a informação que deve ser apresentada no ecrã do LCD. Sempre que enviamos a informação para o LCD, esta é transmitida para o registo de dados e o processo inicia-se aí. Quando o conjunto de registos =1, então o registo de dados será selecionado.

Comandos do LCD 16×2

Os comandos do LCD 16X2 incluem o seguinte.

- Para o código hexadecimal-01, o comando LCD será o ecrã LCD limpo
- Para o código hexadecimal-02, o comando LCD estará a regressar a casa
- Para o código hexadecimal-04, o comando do LCD será decrementar cursor
- Para o código hexadecimal-06, o comando do LCD será Incrementar cursor
- Para o código hexadecimal-05, o comando do LCD será Shift display right
- Para o código hexadecimal-07, o comando do LCD será Deslocar ecrã para a esquerda

- Para o código hexadecimal 08, o comando do LCD será Display off, cursor off
- Para o código hexadecimal-0A, o comando do LCD será cursor ligado e ecrã desligado
- Para o código hexadecimal 0C, o comando LCD será cursor desligado, ecrã ligado
- Para o código hexadecimal 0E, o comando do LCD será cursor a piscar, ecrã ligado
- Para o código hexadecimal 0F, o comando do LCD será cursor a piscar, ecrã ligado
- Para o código hexadecimal 10, o comando do LCD será Deslocar a posição do cursor para a esquerda
- Para o código hexadecimal 14, o comando do LCD será Deslocar a posição do cursor para a direita
- Para o código hexadecimal 18, o comando do LCD será Deslocar todo o ecrã para a esquerda
- Para o código hexadecimal 1C, o comando do LCD será Deslocar todo o ecrã para a direita
- Para o código hexadecimal 80, o comando do LCD será Forçar o cursor para o início (1º linha)
- Para o código Hex-C0, o comando do LCD será Forçar cursor para o início (2ª linha)
- Para o código hexadecimal 38, o comando LCD será de 2 linhas e matriz 5×7

LEDfDIODO EMISSOR DE LUZ)

Um díodo emissor de luz (LED) é um díodo semicondutor que emite luz quando é aplicada uma corrente eléctrica na direção da frente do dispositivo, como no circuito simples do LED. O efeito é uma forma de eletroluminescência, em que a luz incoerente e de espetro estreito é emitida a partir da junção p-n.

Os LED são amplamente utilizados como luzes indicadoras em dispositivos electrónicos e, cada vez mais, em aplicações de maior potência, como lanternas e iluminação de áreas. Um LED é normalmente uma fonte de luz de pequena área (menos de 1 mm^2), muitas vezes com ótica adicionada ao chip para moldar o seu padrão de radiação e ajudar na reflexão· A cor da luz emitida depende da composição e do estado do material semicondutor utilizado e pode ser infravermelha, visível ou ultravioleta. Para além da iluminação, as aplicações interessantes incluem a utilização de LEDs-UV para esterilização de água e desinfeção de dispositivos, e como luz de crescimento para melhorar a fotossíntese nas plantas·

Princípio de base:

Tal como um díodo normal, o LED é constituído por uma pastilha de material semicondutor impregnado, ou dopado, com impurezas para criar uma junção p-n. Tal como noutros díodos, a corrente flui facilmente do lado p, ou ânodo, para o lado n, ou cátodo, mas não no sentido inverso. Os portadores de carga, electrões e buracos, fluem para a junção a partir de eléctrodos com tensões diferentes. Quando um eletrão encontra um buraco, cai para um nível de energia mais baixo e liberta energia sob a forma de um fotão.

O comprimento de onda da luz emitida e, por conseguinte, a sua cor, depende da energia do intervalo de banda dos materiais que formam a junção p-n. Nos díodos de silício ou de germânio, os electrões e os buracos recombinam-se por uma transição não radiativa que não produz qualquer emissão ótica, uma vez que se trata de materiais com um "band gap" indireto. Os materiais utilizados para o LED têm um intervalo de banda direto com energias correspondentes ao infravermelho próximo, à luz visível ou ao ultravioleta próximo. O desenvolvimento dos LED começou com dispositivos de infravermelhos e vermelhos fabricados com arsenieto de gálio. Os avanços na ciência dos materiais tornaram possível a produção de dispositivos com comprimentos de onda cada vez mais curtos, produzindo luz numa variedade de cores. Os LED são normalmente construídos sobre um substrato do tipo n, com um elétrodo ligado à camada do tipo p depositada na sua superfície. Os substratos do tipo P, embora menos comuns, também existem. Muitos LEDs comerciais, especialmente os GaN/InGaN, também utilizam substrato de safira.

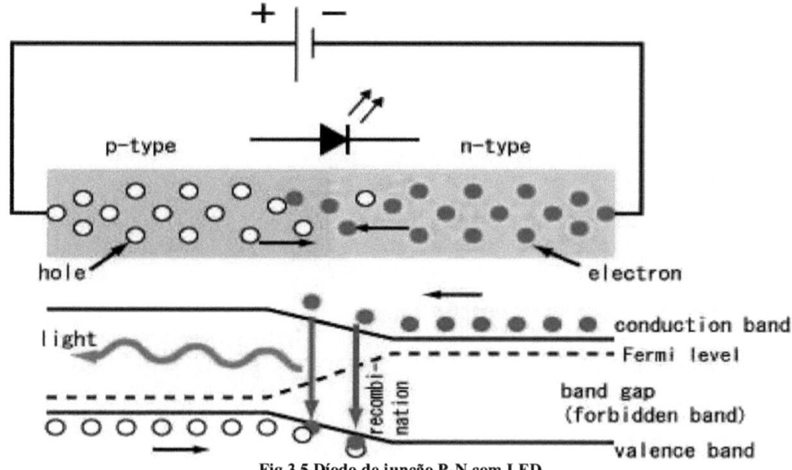

Fig 3.5 Díodo de junção P-N com LED

<u>**LED Tipos de ecrãs:**</u>

- Gráfico de barras
- Sete segmentos
- Explosão de estrelas
- Matriz de pontos

<u>Tipos básicos de LED:</u>

LEDs miniatura

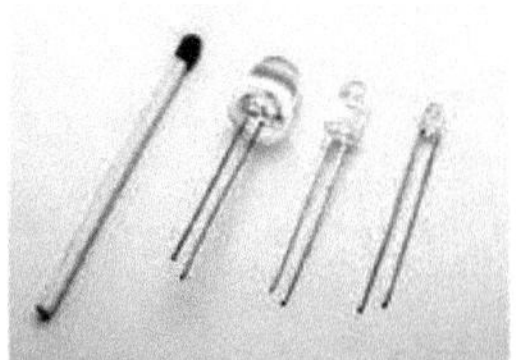

Fig 3.6 LED'S

LEDs de diferentes tamanhos. 8 mm, 5 mm e 3 mm

Trata-se, na sua maioria, de LEDs de matriz única utilizados como indicadores, e estão disponíveis em vários tamanhos

pacotes:

- montagem em superfície
- 2 mm
- 3 mm (T1)

- 5 mm (T1¾)
- 10 mm
- Estão também disponíveis outros tamanhos, mas são menos comuns.

Formas comuns de embalagens:

- Redondo, topo em cúpula
- Redondo, topo plano
- Retangular, topo plano (frequentemente visto em ecrãs LED de gráficos de barras)
- Triangular ou quadrado, topo plano

O encapsulamento pode também ser transparente ou semi-opaco para melhorar o contraste e

Existem três categorias principais de LEDs de matriz única em miniatura:

- Baixa corrente - tipicamente classificada para 2 mA a cerca de 2 V (aproximadamente 4 mW de consumo).
- Padrão - LEDs de 20 mA a cerca de 2 V (aproximadamente 40 mW) para vermelho, laranja, amarelo e verde, e 20 mA a 4-5 V (aproximadamente 100 mW) para azul, violeta e branco.
- Saída ultra-alta - 20 mA a aproximadamente 2 V ou 4-5 V, concebida para visualização sob luz solar direta.

LEDs de cinco e doze volts

São LEDs em miniatura que incorporam uma resistência em série e podem ser ligados diretamente a uma alimentação de 5 V ou 12 V.

LEDs intermitentes

Os LED intermitentes são utilizados como indicadores de atenção quando se pretende evitar a complexidade da eletrónica externa. Os LED intermitentes assemelham-se aos LED normais, mas contêm um circuito multivibrador integrado no seu interior que faz com que o LED pisque com um período típico de um segundo. Nos LED de lente difusa, isto é visível como um pequeno ponto preto. A maior parte dos LED intermitentes emite luz de uma única cor, mas os dispositivos mais sofisticados podem piscar entre várias cores e até mesmo passar por uma sequência de cores utilizando a mistura de cores RGB.

LEDs de alta potência

LEDs de alta potência da lumileds montados num dissipador de calor em forma de estrela Os LEDs de alta potência (HPLED) podem ser acionados a mais de um ampere de corrente e emitir grandes quantidades de luz. Uma vez que o sobreaquecimento destrói qualquer LED, os HPLEDs devem ser altamente eficientes para minimizar o excesso de calor, além disso, são frequentemente montados num dissipador de calor para permitir a dissipação do calor. Se o calor de um HPLED não for removido, o dispositivo queimar-se-á em segundos.

Um único HPLED pode frequentemente substituir uma lâmpada incandescente numa lanterna ou ser colocado numa matriz para formar uma poderosa lâmpada LED. Foram desenvolvidos LEDs que podem funcionar diretamente a partir da rede eléctrica sem necessidade de um conversor de corrente contínua. Em cada meio ciclo, uma parte do díodo LED emite luz e outra parte fica escura, o que se inverte no meio ciclo seguinte.

A eficiência atual é de 80 lm/W".

LEDs multicoloridos

Um "LED bicolor" é, na verdade, dois LEDs diferentes numa só caixa. Consiste em duas matrizes ligadas aos mesmos dois cabos, mas em direcções opostas. O fluxo de corrente numa direção produz uma cor, e a corrente na direção oposta produz a outra cor. A alternância das duas cores com uma frequência suficiente provoca o aparecimento de uma terceira cor. Um "LED tricolor" é também dois LEDs numa caixa, mas os dois LEDs estão ligados a cabos separados para que os dois LEDs possam ser controlados independentemente e acesos simultaneamente.

Os LED RGB contêm emissores de vermelho, verde e azul, geralmente utilizando uma ligação de quatro fios com um comum (ânodo ou cátodo). O fabricante taiwanês de LEDs Everlight introduziu um pacote RGB de 3 watts capaz de alimentar cada matriz com 1 watt.

LEDs alfanuméricos

Os ecrãs LED estão disponíveis em formato de sete segmentos e de explosão estelar. Os ecrãs de sete segmentos podem apresentar todos os números e um conjunto limitado de letras. Os ecrãs Starburst podem apresentar todas as letras. Os ecrãs LED de sete segmentos foram muito utilizados nas décadas de 1970 e 1980, mas a utilização crescente de ecrãs de cristais líquidos, com o seu menor consumo de energia e maior flexibilidade de visualização, reduziu a popularidade dos ecrãs LED numéricos e alfanuméricos.

LDRfRegisto dependente da luz)

Introdução:

Uma resistência fotográfica ou resistência dependente da luz ou célula de CdS (sulfureto de cádmio) é uma resistência cuja resistência diminui com o aumento da intensidade da luz incidente. Também pode ser designada por fotocondutor.

Uma foto-resistência é feita de um semicondutor de alta resistência. Se a luz que incide sobre o dispositivo for de frequência suficientemente elevada, os fotões absorvidos pelo semicondutor dão aos electrões ligados energia suficiente para saltarem para a banda de condução. O eletrão livre resultante (e o seu parceiro buraco) conduzem eletricidade, diminuindo assim a resistência.

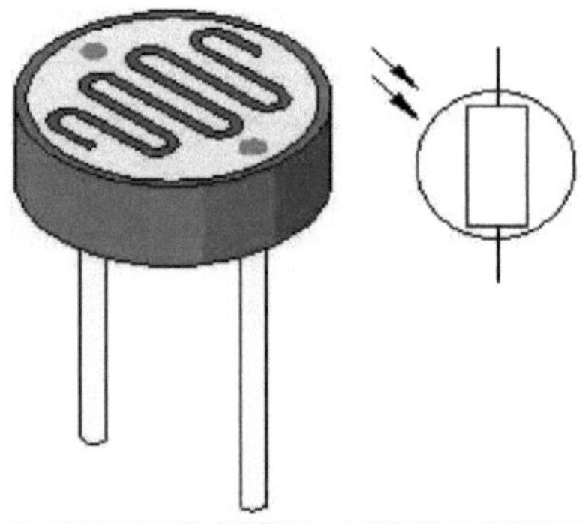

Fig 3.7 Resistor dependente da luz

Um dispositivo fotoelétrico pode ser intrínseco ou extrínseco. Um semicondutor intrínseco tem os seus próprios portadores de carga e não é um semicondutor eficiente, como é o caso do silício. Nos dispositivos intrínsecos, os únicos electrões disponíveis encontram-se na banda de valência, pelo que o fotão deve ter energia suficiente para excitar o eletrão através de todo o intervalo de banda. Nos dispositivos extrínsecos, são adicionadas impurezas, também chamadas dopantes, cuja energia no estado fundamental está mais próxima da banda de condução; uma vez que os electrões não têm de saltar tanto, os fotões de energia mais baixa (ou seja, comprimentos de onda mais longos e frequências mais baixas) são suficientes para acionar o dispositivo. Se uma amostra de silício tiver alguns dos seus átomos substituídos por átomos de fósforo (impurezas), haverá mais electrões disponíveis para a condução. Este é um exemplo de um semicondutor extrínseco.

Células de sulfureto de cádmio:

(CdS) baseiam-se na capacidade do material de variar a sua resistência de acordo com a quantidade de luz que incide sobre a célula. Quanto mais luz incidir sobre a célula, menor será a sua resistência. Embora não seja exacta, mesmo uma simples célula de CdS pode ter uma ampla gama de resistências, desde menos de 100Ω sob luz intensa até mais de 10 MΩ na escuridão.

Os LDRs padrão à base de cádmio têm uma resposta de frequência que varia de acordo com o nível de luz, mas os tempos típicos de queda variam entre 15ms e 25ms e os tempos típicos de subida variam entre 50ms e 70ms, pelo que podem ser inadequados para ligações de dados e digitalização de imagens. Provavelmente o LDR mais conhecido é o ORP12.

Os dispositivos mais pequenos e mais baratos são atualmente mais populares.

Um exemplo de circuito de sensor de luz LDR:

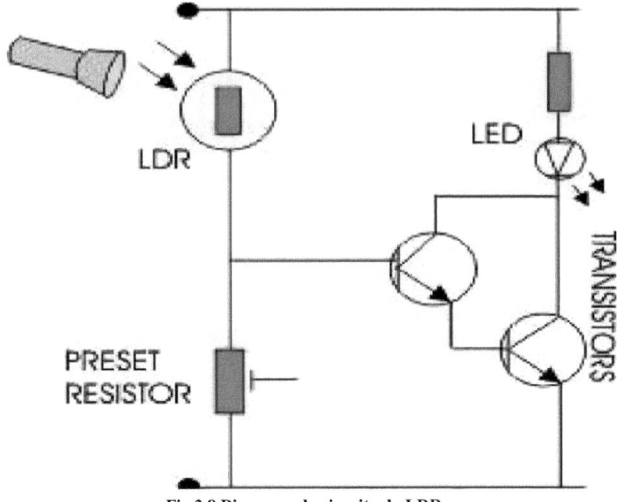

Fig 3.8 Diagrama do circuito do LDR

Quando o nível de luz é baixo, a resistência do LDR é alta. Isto impede a passagem de corrente para a base dos transístores. Consequentemente, o LED não acende.

No entanto, quando a luz incide sobre o LDR, a sua resistência diminui e a corrente passa para a base do primeiro transístor e depois para o segundo transístor. O LED acende-se.

A resistência pré-definida pode ser rodada para cima ou para baixo para aumentar ou diminuir a resistência, desta forma pode tornar o circuito mais ou menos sensível.

Aplicações:

As resistências fotográficas existem em muitos tipos diferentes. As células baratas de sulfureto de cádmio podem ser encontradas em muitos artigos de consumo, tais como contadores de luz de câmaras, rádios-relógio, alarmes de segurança, luzes de rua e relógios de exterior.

São também utilizados em alguns compressores dinâmicos juntamente com uma pequena lâmpada incandescente ou um díodo emissor de luz para controlar a redução do ganho.

Os LDR de sulfureto de chumbo e de antimonite de índio são utilizados para a região do espetro do infravermelho médio. Os fotocondutores de Ge:Cu estão entre os melhores detectores de infravermelhos distantes disponíveis e são utilizados em astronomia de infravermelhos e espetroscopia de infravermelhos.

SENSOR IR:

Tecnicamente conhecida como "radiação infravermelha", a luz infravermelha é uma parte do espetro eletromagnético localizada imediatamente abaixo da parte vermelha da luz visível normal - o extremo oposto do ultravioleta. Embora invisível, a luz infravermelha segue os mesmos princípios da luz normal e pode ser reflectida ou atravessar objectos transparentes, como o vidro. Os controlos remotos por infravermelhos utilizam esta luz invisível como forma de comunicação entre si e o equipamento de cinema em casa, todos eles com receptores de infravermelhos posicionados na parte frontal. Essencialmente, sempre que premir um botão num telecomando, um pequeno díodo de infravermelhos na parte frontal do telecomando emite impulsos de luz a alta velocidade para todo o equipamento. Quando o equipamento reconhece o sinal como seu, responde ao comando.

A luz que os nossos olhos vêem é apenas uma pequena parte de um amplo espetro de radiação electromagnética. No lado de alta energia imediata do espetro visível encontra-se o ultravioleta e no lado de baixa energia está o infravermelho. A parte da região do infravermelho mais útil para a análise de compostos orgânicos não é imediatamente adjacente ao espetro visível, mas tem um comprimento de onda entre 2 500 e 16 000 nm, com uma frequência correspondente entre $1,9 * 10^{13}$ e $1,2 * 10^{14}$ Hz. (De http://hyperphysics.phy- astr.gsu.edu/hbase/ems3.html : a frequência do infravermelho varia entre 0,003 - 4x 10^{14} Hz ou cerca de 300 gigahertz a 400 terahertz).

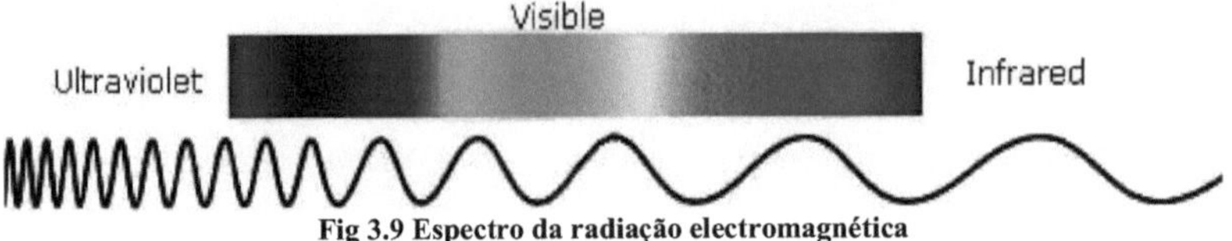

Fig 3.9 Espectro da radiação electromagnética

A imagiologia por infravermelhos é amplamente utilizada para fins militares e civis. As aplicações militares incluem a aquisição de alvos, vigilância, visão nocturna, localização e seguimento. As utilizações não militares incluem a análise da eficiência térmica, a deteção remota da temperatura, a comunicação sem fios de curto alcance, a espetroscopia e a previsão meteorológica. A astronomia de infravermelhos utiliza telescópios equipados com sensores para penetrar em regiões poeirentas do espaço, como as nuvens moleculares, detetar objectos frios como os planetas e observar objectos altamente deslocados para o vermelho dos primórdios do universo.

CARACTERÍSTICAS:

- O comprimento de onda é de 940 nm
- Material do chip =GaAs com janela AlGaAs

- Tipo de embalagem: T-1 3/4 (5 mm de diâmetro da lente)

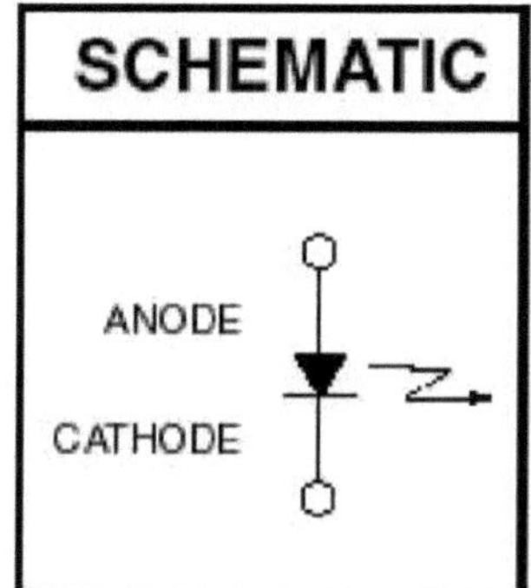

Fig 3.10 LED IR QED234

- Sensor fotográfico compatível: QSD122/123/124
- Ângulo de emissão médio, 40°
- Alta potência de saída
- Material e cor da embalagem: plástico transparente, não contaminado
- Ideal para aplicações de controlo remoto

EmissorZDetector Alinhamento:

Um bom alinhamento do emissor e do detetor é importante para um bom funcionamento, especialmente se a distância for grande. Isto pode ser efectuado com um pedaço de fio esticado entre e em linha com o LED e o fototransistor. Pode ser utilizado um pedaço de cavilha ou um fio rígido para definir o alinhamento. Outro método que pode ser utilizado para distâncias mais longas é um ponteiro laser apontado através de um dos orifícios de montagem.

Para obter melhores resultados, a altura do "feixe" deve estar à altura do acoplador e num ângulo que atravesse as vias. O emissor também pode ser montado acima da via com o fototransistor colocado entre os carris em locais como pátios escondidos. A colocação do emissor e do detetor em ângulo também seria útil.

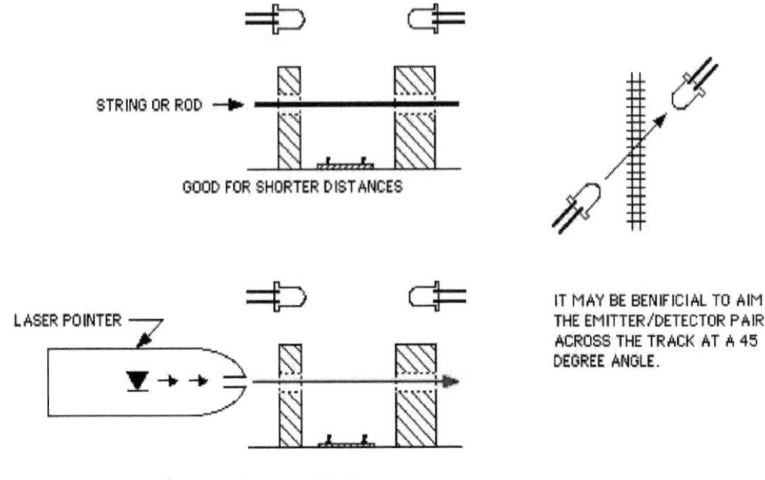

Fig 3.11 Métodos de alinhamento de deteção de trajeto

Métodos de alinhamento do emissor/detetor

<u>Um exemplo de conjunto de controlo remoto por infravermelhos</u>

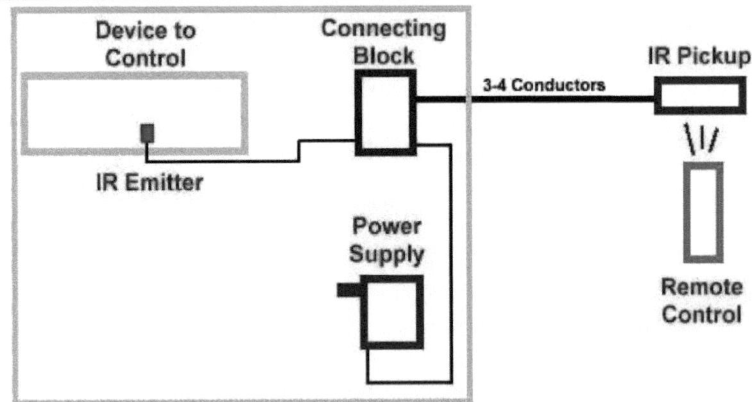

Fig 3.12 Configuração simples de um controlo remoto por infravermelhos

Introdução: Painéis solares - Iluminando o caminho para a energia sustentável

Numa era definida pela urgência das alterações climáticas e pela procura de fontes de energia renováveis, os painéis solares são um farol brilhante de esperança e inovação. Estas maravilhas da engenharia moderna aproveitam a força do sol, transformando a luz solar em eletricidade limpa e sustentável com uma eficiência e fiabilidade notáveis. À medida que enfrentamos os desafios de um clima em rápida mudança e o imperativo de transição para um futuro mais verde, os painéis solares surgem como uma solução fundamental, oferecendo um caminho para a independência energética, a gestão ambiental e a prosperidade económica. Este processo, que ocorre ao nível atómico dentro das células, envolve a absorção da luz solar por materiais semicondutores, como o silício, que liberta electrões, gerando assim uma corrente eléctrica. Através da integração perfeita de numerosas células fotovoltaicas em painéis modulares, são formadas matrizes solares capazes de captar a luz solar e convertê-la em eletricidade utilizável com uma eficiência notável. Desde instalações residenciais de pequena escala a vastos parques solares à escala dos serviços públicos, os painéis solares podem ser instalados numa grande variedade de ambientes e aplicações, satisfazendo as necessidades energéticas de indivíduos, comunidades e nações inteiras. Além disso, os avanços na tecnologia solar conduziram a aumentos significativos na eficiência e na relação custo-eficácia, tornando a energia solar cada vez mais competitiva em relação aos combustíveis fósseis convencionais. Para além do seu papel na produção de eletricidade, os painéis solares incorporam uma ética mais ampla de sustentabilidade e gestão ambiental. Ao aproveitar uma fonte de energia praticamente inesgotável sob a forma de luz solar, os painéis solares reduzem a dependência de recursos finitos de combustíveis fósseis, reduzem as emissões de gases com efeito de estufa e atenuam os impactos das alterações climáticas. Além disso, a energia solar promove a independência energética e a resiliência, permitindo que as comunidades produzam a sua própria energia e se protejam da volatilidade dos mercados energéticos globais. No momento em que nos encontramos no precipício de um momento crucial na história da humanidade, a adoção generalizada de painéis solares é a promessa de um futuro mais brilhante, mais limpo e mais sustentável para as gerações vindouras. Ao abraçarmos o poder do sol, iluminamos o caminho para um mundo onde a energia é abundante, acessível e equitativa para todos. Juntos, vamos aproveitar o potencial transformador dos painéis solares para dar início a uma era de prosperidade, harmonia e proteção ambiental para o nosso planeta e para todos os que o chamam de lar.

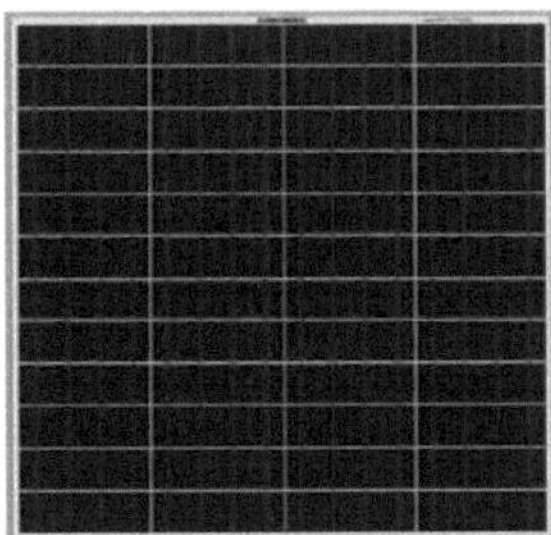

Fig 3.13 Painel solar

Introdução: Aproveitar o poder do vento - Uma viagem à energia eólica

Na procura de fontes de energia sustentáveis e renováveis, a humanidade há muito que olha para os céus e para o movimento incessante do vento. Esta força intemporal da natureza, outrora aproveitada pelas velas dos antigos marinheiros, evoluiu para uma pedra angular da moderna produção de energia: a energia eólica. À medida que nos encontramos à beira de uma revolução nas energias renováveis, a energia eólica surge como um farol de esperança e progresso, oferecendo um caminho para um futuro mais limpo e mais verde para o nosso planeta e para as gerações futuras.

Na sua essência, a energia eólica é um testemunho do notável engenho da inovação humana e da integração harmoniosa da tecnologia com as forças elementares da natureza. As turbinas eólicas, estruturas imponentes adornadas com pás graciosas, são a vanguarda desta revolução das energias renováveis, captando a energia cinética do vento e transformando-a em eletricidade com uma eficiência e fiabilidade notáveis. Através da elegante interação entre aerodinâmica, engenharia e tecnologia de energias renováveis, as turbinas eólicas são sentinelas silenciosas, aproveitando o poder ilimitado do vento para iluminar casas, alimentar indústrias e impulsionar as sociedades para um futuro sustentável.

Um dos aspectos mais notáveis da energia eólica reside na sua abundância e acessibilidade inerentes. Ao contrário dos recursos finitos dos combustíveis fósseis, que estão sujeitos a esgotamento e a conflitos geopolíticos, o vento é um recurso praticamente ilimitado, disponível gratuitamente para todos os habitantes do nosso planeta. Desde as planícies varridas pelo vento do Midwest até às costas escarpadas do Mar do Norte, a energia eólica não conhece fronteiras, oferecendo uma fonte de energia descentralizada e democratizada que transcende as fronteiras e permite que as comunidades assumam o controlo do seu destino energético.

Além disso, a energia eólica incorpora um espírito mais amplo de sustentabilidade e gestão ambiental. Ao aproveitar a força do vento, atenuamos a dependência dos combustíveis fósseis, reduzimos as emissões de gases com efeito de estufa e combatemos a ameaça existencial das alterações climáticas. Além disso, a energia eólica promove a independência energética e a resiliência, isolando as comunidades da volatilidade dos mercados energéticos globais e fomentando o crescimento económico e a criação de emprego no sector das energias renováveis em expansão.

No início de uma nova era na história da humanidade, a adoção generalizada da energia eólica é a promessa de um futuro mais brilhante, mais limpo e mais sustentável para todos. Ao aproveitar o poder intemporal do vento, embarcamos numa viagem rumo a um mundo onde a energia é abundante, acessível e equitativa para as gerações vindouras. Juntos, vamos abraçar os ventos da mudança e impulsionar-nos para um futuro alimentado pela energia ilimitada do vento.

3.9 MÓDULO WIFI (ESP8266)

O ESP8266 foi concebido pela empresa chinesa Espressif Systems para ser utilizado em sistemas da Internet das Coisas (IoT). O ESP8266 é um sistema WiFi completo num chip que incorpora um processador de 32 bits, alguma RAM e, dependendo do fornecedor, entre 512 KB e 4 MB de memória flash. Isto permite que o chip funcione como um adaptador sem fios que pode alargar outros sistemas com funcionalidade WiFi, ou como uma unidade autónoma que pode, por si só, executar aplicações simples. Dependendo da variante específica do módulo (ESP-1 a ESP-12 no momento da elaboração desta tese), estão disponíveis entre 0 e 7 pinos de entrada/saída de uso geral (GPIO), para além dos pinos Rx e Tx da UART, o que torna o módulo muito adequado para aplicações IoT. O Kit de Desenvolvimento de Software (SDK) fornecido pela Espressif contém uma implementação leve de uma pilha de controlo TCP/IP (lwIP) para comunicação WiFi. Os módulos contêm bibliotecas para serviços opcionais, como o protocolo de configuração dinâmica do anfitrião (DHCP), o nome de domínio (DNS), JavaScript Object Notation (JSON) e bibliotecas Secure Socket Layer (SSL) para programação ao nível das aplicações. Incorpora extensões 802.11 MAC, como 802.11b/g/n/d/e/h/i/k/r, que gerem a transmissão de sinais, o encapsulamento, a encriptação, a gestão de colisões e a funcionalidade de roaming. O chip é geralmente fornecido como parte de um módulo, soldado a uma placa de circuitos impressos (PCB), mas é possível adquirir apenas o chip para criar um módulo verdadeiramente personalizado. As variantes de módulos atualmente disponíveis no mercado podem incluir uma antena (PCB ou cerâmica) ou um conetor U-FL, um componente de hardware para comunicação em série e uma miríade de outros componentes auxiliares, como resistências, condensadores e LED.

3.9.1 Descrição geral e especificações.

O módulo existe em muitas variações diferentes (ESP-01 a ESP-12), juntamente com fornecedores não-Espressif, como a Olimex e a NodeMCU. As principais diferenças entre estes módulos são o tamanho e os componentes adicionais da placa de circuito impresso, sendo que alguns têm uma antena incorporada e até 7 pinos GPIO, enquanto outros não oferecem acesso fácil aos GPIO nem à antena, mas a um custo e dimensões de módulo inferiores. O processador no interior do módulo é um Tensilica Xtensa LX de baixa potência, 80 MHz e 32 bits. É classificado como um DPU, que é o próprio tipo de CPU da Tensilica que combina os pontos fortes de um CPU tradicional e de um DSP para obter um melhor desempenho para tarefas com uso intensivo de dados. Existem várias ferramentas de compilação para este processador, tendo a comunidade ESP tentado mesmo conceber a sua própria versão do compilador gcc para obter uma densidade de código mais eficiente e um melhor desempenho. A quantidade de memória programável varia consoante o fabricante do módulo, mas geralmente os ESPs vêm com 512KB, 1MB, 2MB ou 4MB de memória flash. O ESP8266 é ativado por interrupções, com um SO relativamente simples e três níveis de prioridade de tarefas, o que significa que só podem ser definidas três tarefas de utilizador que possam responder a interrupções. Uma função user_init() configura o módulo assim que este é alimentado e pode ser utilizada para programar a tarefa seguinte ou definir uma configuração totalmente orientada por eventos.

Fig 3.14 Olimex MOD-WIFI-ESP8266-Módulo utilizado na tese

O módulo utilizado nesta tese é um Olimex MOD-WIFI-ESP8266-DEV com todos os componentes básicos do ESP8266, uma antena PCB, um cristal e uma UART de fácil acesso com suporte para SPI e I2C, 2Mbytes de flash, mas o mais importante para esta tese é que tem todos os pinos do chip disponíveis mapeados para facilitar o acesso.

3.9.2 Alimentação e consumo de energia

Sendo um SoC WiFi, este chip requer uma quantidade razoável de energia para operar o seu transcetor. Incorporou algumas caraterísticas impressionantes de gestão de energia, incluindo componentes altamente integrados que permitem uma maior otimização e uma maior eficiência. Tudo isso faz do ESP8266 um dos chips que menos consomem energia na indústria de CIs WiFi! Infelizmente, os seus níveis de exigência continuam a ser mais elevados do que os dos chips baseados em tecnologias sem fios como o Bluetooth ou o ZigBee. A folha de dados oficial do ESP8266 afirma o seguinte relativamente ao consumo de corrente:

Mode	Typ	Unit
Transmit 802.11b, CCK 11Mbps, P_{OUT}=+17dBm	170	mA
Transmit 802.11g, OFDM 54Mbps, P_{OUT}=+15dBm	140	mA
Transmit 802.11n, MCS7, P_{OUT}=+13dBm	120	mA
Receive 802.11b, packet length=1024byte, -80dBm	50	mA
Receive 802.11g, packet length=1024byte, -70dBm	56	mA
Receive 802.11n, packet length=1024byte, -65dBm	56	mA
Deep sleep	10	uA
Power save mode DTIM 1	1.2	mA
Power save mode DTIM 3	0.9	mA
Total shutdown	0.5	uA

No entanto, este é apenas o consumo de energia do chip ESP8266EX, o módulo completo, com hardware adicional, como LEDs, cristais, condensadores e registos, revelou que o consumo real do MOD-WiFi-ESP8266-DEV variava muito em relação a esta tabela. A corrente aproximada do módulo em repouso (enquanto está pronto para receber pacotes) foi medida em 70mA, sendo um pouco mais elevada quando recebe pacotes no modo 802.11n. A transmissão consumiu 80 mA de corrente.

O módulo também era propenso a picos de corrente elevada na ordem dos 300mA em momentos imprevisíveis, provocando frequentemente o reinício completo do módulo. Este problema parece

O ESP8266 pode funcionar num total de 3 modos de poupança de energia, todos eles sacrificando parte da funcionalidade para conseguir um menor consumo de energia. O ESP8266 pode funcionar num total de 3 modos de poupança de energia, todos eles sacrificando uma parte da funcionalidade para conseguir um menor consumo de energia. Esses modos são: Light Sleep· Modem Sleep· Deep Sleep· Os modos Light e Modem são os chamados modos de sono WiFi. Eles são projetados para serem usados quando o módulo está no modo STA, o que significa que ele não precisa enviar ativamente beacons para anunciar sua presença e verificar o status dos clientes. O modo Light Sleep WiFi deve ser utilizado quando o módulo precisa de manter a ligação WLAN sem transmitir ou receber dados ativamente, permitindo que a CPU funcione com uma tensão mais baixa (ou seja totalmente suspensa) e desligando o modem WiFi entre os sinais de estado do AP. Isto permitiria que o módulo poupasse energia e continuasse a responder aos beacons, mantendo efetivamente a ligação sem fios. Neste modo, uma configuração DTIM3 no AP, com 300ms de suspensão e 3ms de ciclo de despertar pode, de acordo com a folha de dados, reduzir o consumo de energia para 0,9mA O Modem Sleep é utilizado quando a CPU precisa de estar ativa. Neste modo, o modem WiFi é desligado entre os beacons de estado do AP, mantendo a ligação a um custo mínimo e permitindo que a CPU funcione sem interferências. Uma configuração DTIM3 semelhante à do exemplo anterior deixa o consumo de corrente em 15mA O Deep Sleep desliga todas as funcionalidades (CPU e modem WiFi), mantendo apenas o relógio RTC, permitindo que o módulo seja acordado por uma interrupção cronometrada. Ao acordar, o módulo efectua uma reinicialização completa, o que significa que todos os dados da RAM são apagados (embora haja um espaço limitado no bloco de memória RTC que não é apagado) e a ligação WiFi tem de ser restabelecida. A Espressif afirma que um ciclo de sono de 300s e de vigília de 1s (considerado suficiente para estabelecer a ligação ao AP) resulta num consumo médio inferior a 1mA [15]. É importante notar que os modos de suspensão WiFi descritos acima podem nem sempre ser verdadeiros. No teste efectuado nesta tese, estes modos apenas parecem reduzir o consumo de energia para 20-50 mA em Light Sleep e 40 mA em Modem Sleep. Embora a suspensão profunda convencional resultasse numa média de 10uA, houve casos em que a sequência de suspensão profunda parecia ser executada de forma incorrecta, deixando o consumo de energia em níveis de espera (~80mA). Este problema foi comunicado à Espressif, que prometeu resolvê-lo em futuras versões do SDK. De notar também que o módulo está especificado para tensões entre 1,7 V e 3,6V, o que significa que pode ser alimentado por duas pilhas alcalinas AA colocadas em série (atingindo 3V). No entanto, o ESP não funcionará com baterias à base de iões de lítio (ou

LiPo) sem circuitos de regulação de potência adicionais.

3.9 Comunicação em série

O ESP8266 tem vários periféricos através dos quais pode estabelecer uma interface com outros módulos de uma forma clássica. Nesta secção, apenas será apresentada a configuração da ligação de comunicação, uma vez que o fluxo exato de bits para conseguir essa comunicação foi tratado automaticamente pelo módulo, pelo que não é considerado de interesse imediato para esta tese. Neste caso, foi utilizada a UART clássica para descodificar e codificar os dados a enviar ao sensor. Da mesma forma, o registador de dados EM50 tem uma UART própria e pode fazer o mesmo no seu lado. A comunicação assíncrona em série não requer um relógio comum, no entanto, para que os dados sejam processados corretamente e a intervalos adequados, é necessário definir uma taxa de transmissão comum (pode ser vista como símbolos por segundo) para ambos os dispositivos. As taxas de transmissão suportadas pelo componente UART dos ESPs variam entre 9600 e 921600bps, enquanto o EM50 está configurado para 9600bps por defeito.

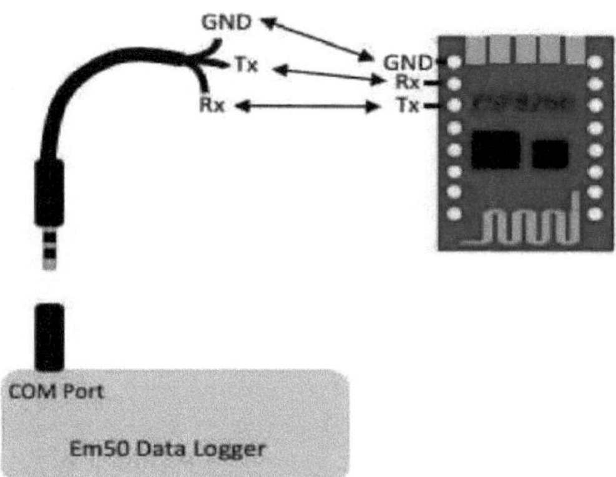

Serial communication was conducted over a 3.5mm AUX cable attaching ESP8266s Rx,Tx andGND to sensors Tx, Rx and GND respectively

Fig 3.15 Comunicação em série

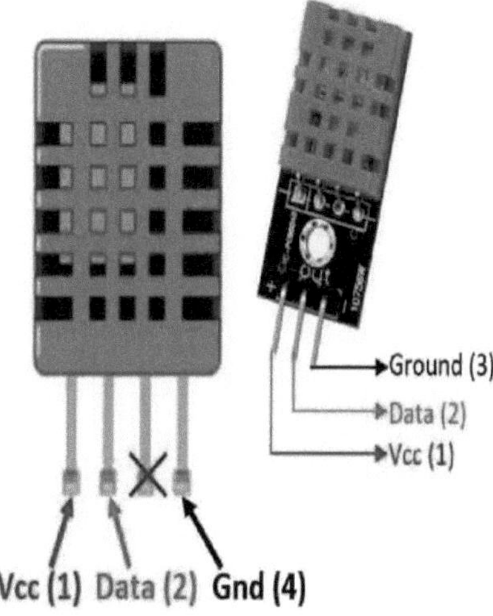

Fig 3.16 Sensor DHT

- O **DHT11** é um **sensor de temperatura e humidade** comummente utilizado **que** inclui um NTC dedicado para medir a temperatura e um microcontrolador de 8 bits para emitir os valores de temperatura e humidade como dados em série.

- Pinagem do DHT11

ConfiguraçãoDHTH

Especificações

- Tensão de funcionamento: 3,5V a 5,5V
- Corrente de funcionamento: 0,3mA (medição) 60uA (em espera)
- Saída: Dados de série

- Gama de temperaturas: 0°C a 50°C
- Intervalo de humidade: 20% a 90%
- Resolução: A temperatura e a humidade são ambas de 16 bits
- Precisão: ±1°C e ±1%\

Módulo de sensor de corrente baseado em INA219

Pin Name	Function	Comments
VIN-	Sensed Input line -	Same connection available on the interface section.
VIN+	Sensed Input line +	Same connection available on the interface section.
VCC	Input voltage	For powering up the module
GND	GND	
SCL	I2C SCL	
SDA	I2C SDA	

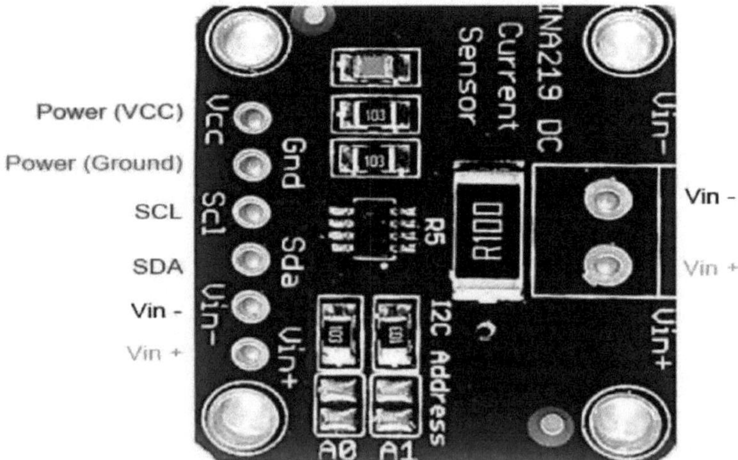

Fig 3.17 Sensor de corrente INA219

O módulo de sensor de corrente baseado no INA219 **CJMCU-219** é um módulo de monitorização de corrente/potência bidirecional e de desvio zero baseado na interface I2C. Pode detetar tensão de derivação, corrente e potência ao mesmo tempo e enviar os dados através do protocolo I2C. Tem 0,1 Ohms, uma resistência de derivação de 1% para cumprir os requisitos das medições de corrente. Possui um poderoso ADC de 12 bits que converte a corrente detectada por um amplificador de precisão. A gama de deteção de corrente é de ±3,2A com uma resolução de 0,8mA.

- Este módulo pode medir a tensão CC até +26V.
- Configuração da pinagem do módulo do sensor de corrente INA219

Caraterísticas :

1. Entrada de alimentação: 3.0V-5.5V
2. Tensão alvo até +26V
3. Resistência de deteção de corrente de 0,1 ohm 1% 2W
4. Medição de corrente até ±3,2A, com resolução de ±0,8mA
5. Detecta tensões de barramento de 0 a 26 V

Interface compatível com 6.2C ou SMBus.

7. É possível calcular a média de até 128 amostras para obter filtragem em ambientes ruidosos.
8. Dimensão da placa: 0,8 x 0,9 polegadas (l x w x h)

Nota: Os pormenores técnicos completos podem ser encontrados na **ficha de dados do INA219**, ligada no final desta página.

Módulo sensor de corrente INA219 - Visão geral

O sensor de corrente é um componente essencial do sistema de monitorização de potência.

INA219

é capaz de detetar potência, tensão e corrente com uma média de 128 amostras e enviar os dados para um microcontrolador anfitrião utilizando o protocolo de barramento I2C.

O módulo suporta dois endereços de barramento I2C que podem ser configurados utilizando uma definição de jumper soldável.

Tem uma resistência de derivação de 2W 0,1 Ohms 1% nominal que pode ser substituída pelo valor desejado.

A secção de entrada também tem uma área de cobertura de um bloco de terminais que pode ser soldado adicionalmente.

Diagrama de interface:

Os módulos de sensores de corrente podem ser ligados a qualquer tipo de microcontrolador, como o PIC,

Arduino, etc., que tenham uma interface de barramento I2C.

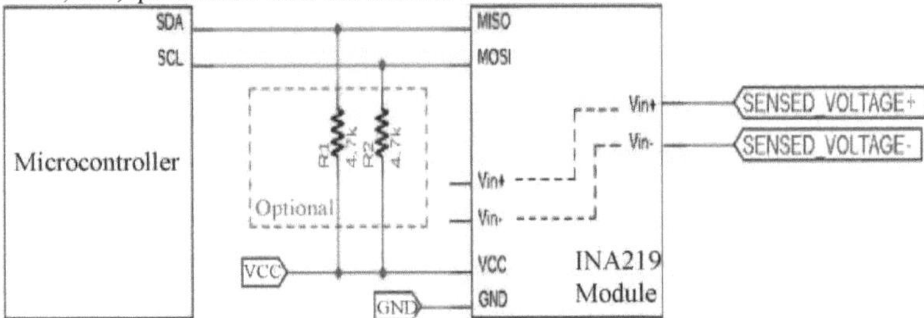

Nota: O barramento I2C requer resistências pull-up. Por favor, adicione uma resistência pull-up de 4,7k em ambas as linhas de barramento SCL e SDA. Ignorar se é adicionado à placa de desenvolvimento do anfitrião.

Aplicação

1. Power Profiler.

2. Multímetro digital.

CAPÍTULO 4 : DESCRIÇÃO DO SOFTWARE

4.1 ARDUINO IDE:

O Ambiente de Desenvolvimento Integrado Arduino - ou Arduino Software (IDE) - contém um editor de texto para escrever código, uma área de mensagens, uma consola de texto, uma barra de ferramentas com botões para funções comuns e uma série de menus. Liga-se ao hardware Arduino e Genuino para carregar programas e comunicar com eles.

Esboços de escrita

Os programas escritos com o software Arduino (IDE) são designados por **sketches**. Estes sketches são escritos no editor de texto e são guardados com a extensão de ficheiro .ino. O editor tem funcionalidades para cortar/colar e para procurar/substituir texto. A área de mensagens fornece feedback ao salvar e exportar e também exibe erros. A consola apresenta o texto produzido pelo Arduino Software (IDE), incluindo mensagens de erro completas e outras informações. O canto inferior direito da janela apresenta a placa e a porta série configuradas. Os botões da barra de ferramentas permitem-lhe verificar e carregar programas, criar, abrir e guardar esboços e abrir o monitor de série.

NB: As versões do software Arduino (IDE) anteriores à 1.0 guardavam os sketches com a extensão.pde. É possível abrir estes ficheiros com a versão 1.0; ser-lhe-á pedido que guarde o sketch com a extensão .ino ao guardar.

Verificar

Verifica se há erros na compilação do seu código.

Carregar

Compila o seu código e carrega-o para a placa configurada. Veja o upload abaixo para mais detalhes.

Nota: Se estiver a utilizar um programador externo com a sua placa, pode manter premida a tecla "shift" no seu computador quando utilizar este ícone. O texto mudará para "Carregar utilizando o programador"

 Novo

Cria um novo esboço.

Aberto

Apresenta um menu de todos os sketches no seu sketchbook. Clicar num deles abri-lo-á dentro da janela atual, substituindo o seu conteúdo.

Nota: devido a um bug em Java, este menu não se desloca; se precisar de abrir um esboço no final da lista, utilize o **menu Ficheiro | Livro de** esboços.

Guardar

Guarda o seu esboço.

Monitor de série

Abre o monitor de série.

Os comandos adicionais encontram-se nos cinco menus: **Ficheiro**, **Editar**, **Esboço**, **Ferramentas**, **Ajuda**. Os menus são sensíveis ao contexto, o que significa que apenas estão disponíveis os itens relevantes para o trabalho que está a ser realizado.

Ficheiro

- Novo Cria uma nova instância do editor, com a estrutura mínima de um esboço já existente.
- Abrir Permite carregar um ficheiro de esboço navegando pelas unidades e pastas do computador.
- Abrir recentes Apresenta uma pequena lista dos esboços mais recentes, prontos a serem abertos.
- Sketchbook Mostra os esboços actuais na estrutura de pastas do sketchbook; clicar

em qualquer nome abre o esboço correspondente numa nova instância do editor.

- Exemplos Qualquer exemplo fornecido pelo software Arduino (IDE) ou biblioteca aparece neste item de menu.

Todos os exemplos estão estruturados numa árvore que permite um acesso fácil por tópico ou biblioteca.

- Close Fecha a instância do Arduino Software em que foi clicado.
- Guardar Guarda o sketch com o nome atual. Se o ficheiro não tiver sido nomeado anteriormente, será fornecido um nome numa janela "Guardar como...".
- Guardar como... Permite guardar o esboço atual com um nome diferente.
- Configurar página Mostra a janela Configurar página para impressão.
- Imprimir Envia o esboço atual para a impressora de acordo com as definições definidas em Configuração da página.
- Preferências Abre a janela Preferências, onde algumas configurações do IDE podem ser personalizadas, como o idioma da interface do IDE.
- Sair Fecha todas as janelas do IDE. Os mesmos esboços abertos quando a opção Sair foi escolhida serão reabertos automaticamente na próxima vez que você iniciar o IDE.

Editar

- Desfazer/Refazer Retrocede um ou mais passos que efectuou durante a edição; quando retrocede, pode avançar com Refazer.
- Cortar Remove o texto selecionado do editor e coloca-o na área de transferência.
- Copiar Duplica o texto selecionado no editor e coloca-o na área de transferência.
- Copiar para o Fórum Copia o código do seu esboço para a área de transferência num formato adequado para ser colocado no fórum, completo com coloração de sintaxe.
- Copiar como HTML Copia o código do seu esboço para a área de transferência como HTML, adequado para ser incorporado em páginas Web.
- ColarColoca o conteúdo da área de transferência na posição do cursor, no editor.

• Selecionar tudo Seleciona e realça todo o conteúdo do editor.

• Comment/Uncomment Coloca ou remove o // marcador de comentário no início de cada linha selecionada.

• AumentarZDiminuir recuo Adiciona ou subtrai um espaço no início de cada linha selecionada, movendo o texto um espaço para a direita ou eliminando um espaço no início.

• Localizar Abre a janela Localizar e Substituir onde pode especificar o texto a procurar dentro do atual esboço de acordo com várias opções.

• Localizar próximo Destaca a próxima ocorrência - se houver - da cadeia de caracteres especificada como item de pesquisa na janela Localizar, em relação à posição do cursor.

- Localizar anterior Destaca a ocorrência anterior - se houver - da cadeia especificada como o item de pesquisa na janela Localizar em relação à posição do cursor.

Esboço

- Verify/Compile (Verificar/Compilar) Verifica o seu sketch quanto a erros de compilação; irá reportar a utilização de memória para código e variáveis na área da consola.
- Upload Compila e carrega o ficheiro binário para a placa configurada através da porta configurada.
- Upload Using Programmer Isto irá substituir o bootloader na placa; terá de utilizar Tools > Burn Bootloader para o restaurar e poder fazer novamente o Upload para a porta série USB. No entanto, permite-lhe utilizar toda a capacidade da memória Flash para o seu sketch. Tenha em atenção que este comando NÃO queima os fusíveis. Para o fazer, deve ser executado um comando Tools -> Burn Bootloader.
- Exportar binário compilado Guarda um ficheiro .hex que pode ser guardado como arquivo ou enviado para a placa utilizando outras ferramentas.
- Mostrar pasta de esboços Abre a pasta de esboços atual.

- Incluir biblioteca Adiciona uma biblioteca ao seu sketch inserindo declarações #include no início do seu código. Para mais pormenores, consulte as bibliotecas abaixo. Adicionalmente, a partir deste item de menu pode aceder ao Library Manager e importar novas bibliotecas a partir de ficheiros .zip.
- Adicionar ficheiro... Adiciona um ficheiro fonte ao sketch (será copiado da sua localização atual). O novo ficheiro aparece num novo separador na janela do sketch. Os ficheiros podem ser removidos do esboço utilizando o menu do separador, clicando no pequeno ícone de triângulo por baixo do ícone do monitor série, no lado direito da barra de ferramentas.

Ferramentas

- Formatação automática Formata bem o seu código: ou seja, recua-o de modo a que as chavetas de abertura e fecho fiquem alinhadas e que as instruções dentro de chavetas fiquem mais recuadas.
- Arquivar Sketch Arquiva uma cópia do sketch atual em formato .zip. O arquivo é colocado no mesmo diretório que o sketch.
- Corrigir codificação e recarregar Corrige possíveis discrepâncias entre a codificação do mapa de caracteres do editor e os mapas de caracteres de outros sistemas operativos.
- Serial Monitor Abre a janela do monitor serial e inicia a troca de dados com qualquer placa conectada na porta atualmente selecionada. Isso geralmente redefine a placa, se ela suportar a redefinição através da abertura da porta serial.
- Placa Selecione a placa que está a utilizar. Consulte abaixo as descrições das várias placas.
- Port Este menu contém todos os dispositivos de série (reais ou virtuais) na sua máquina. Deve ser atualizado automaticamente sempre que abrir o menu de ferramentas de nível superior.

- Programador Para selecionar um programador de harware quando programar uma placa ou chip e não utilizar a ligação USB-serial integrada. Normalmente não é necessário, mas se estiver a gravar um bootloader num novo microcontrolador, irá utilizá-lo.
- Burn Bootloader Os itens deste menu permitem-lhe gravar um bootloader no microcontrolador de uma placa Arduino. Isto não é necessário para a utilização normal de uma placa Arduino ou Genuino, mas é útil se comprar um novo microcontrolador ATmega (que normalmente vem sem um bootloader).

  Certifique-se de que selecionou a placa correta no menu **Placas** antes de gravar o bootloader na placa alvo. Este comando também define os fusíveis corretos.

Ajuda

- Procurar na Referência Esta é a única função interactiva do menu Ajuda: seleciona diretamente a página relevante na cópia local da Referência para a função ou comando sob o cursor.

4.2 Arduino IDE: Configuração inicial

Este é o IDE do Arduino depois de aberto. Abre-se num sketch em branco onde se pode começar a programar imediatamente. Primeiro, devemos configurar a placa e as definições da porta para nos permitir carregar o código. Ligue a sua placa Arduino ao PC através do cabo USB.

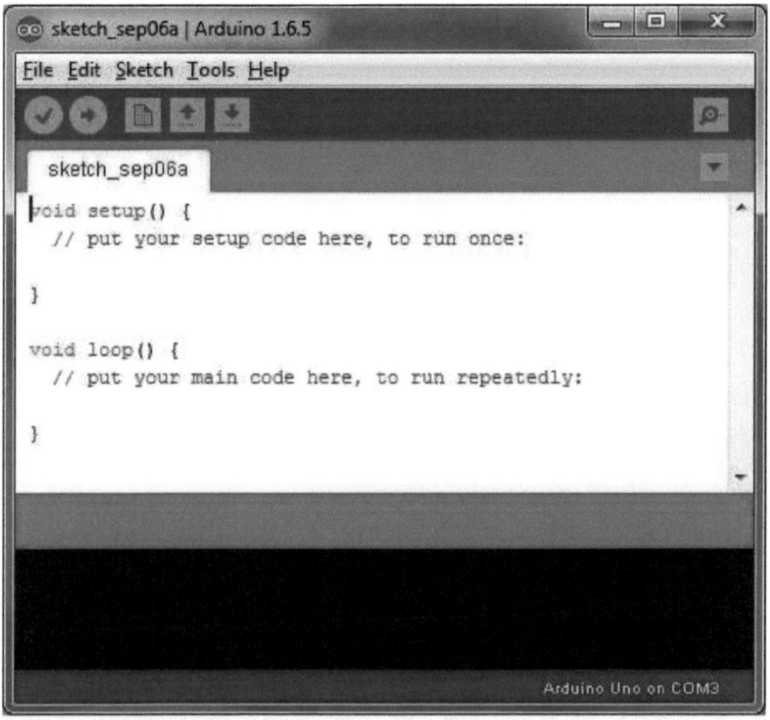

Arduino IDE Default Window

IDE: Configuração da placa

Tem de indicar ao Arduino IDE para que placa está a carregar. Selecione o menu Toolspulldown (Ferramentas) e vá para Board (Placa). Por predefinição, esta lista é preenchida com as placas Arduino atualmente disponíveis que foram desenvolvidas pela Arduino. Se estiver a utilizar um Uno ou um clone compatível com Uno (ex. Funduino, SainSmart, IEIK, etc.), selecione Arduino Uno. Se estiver a utilizar outra placa/clone, selecione essa placa.

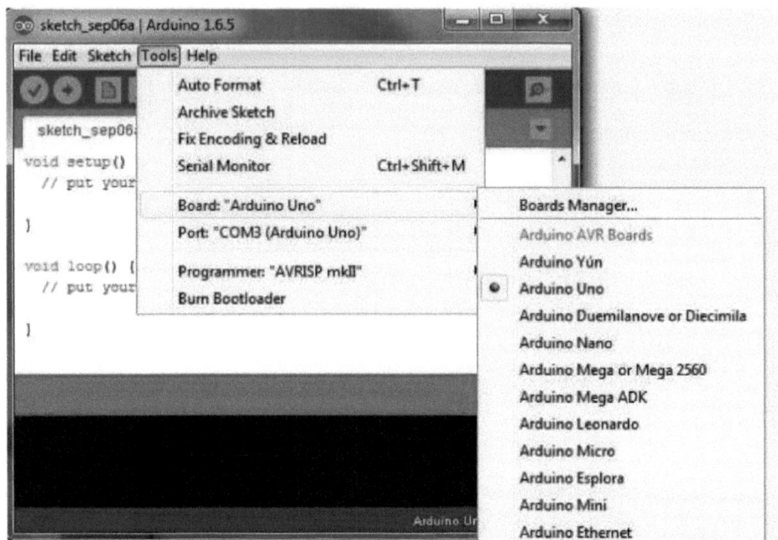

Arduino IDE: Board Setup Procedure

IDE: Configuração da porta COM:

Se descarregou o Arduino IDE antes de ligar a sua placa Arduino, quando ligou a placa, os controladores USB devem ter sido instalados automaticamente. O IDE Arduino mais recente deve reconhecer as placas conectadas e rotulá-las com a porta COM que estão usando. Selecione o menu Toolspulldown (Ferramentas) e, em seguida, Port (Porta). Aqui deverá listar todas as portas COM abertas e, se existir uma placa Arduino reconhecida, também indicará o seu nome. Selecione a placa Arduino que ligou ao PC. Se a configuração tiver sido bem sucedida, no canto inferior direito do IDE Arduino, deverá ver o tipo de placa e o número de COM da placa que pretende programar. Nota: o Arduino Uno ocupa a próxima porta COM disponível; nem sempre será a COM3.

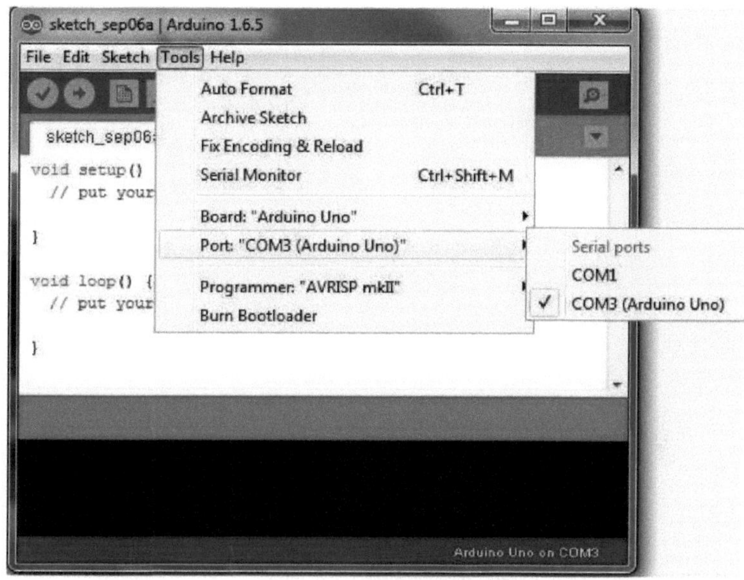

Arduino IDE: COM Port Setup

Testar as suas definições:

Carregar o Blink Um procedimento comum para testar se a placa que está a utilizar está corretamente configurada é carregar o sketch "Blink". Este sketch está incluído em todas as versões do Arduino IDE e pode ser acedido através do menu Filepull-down e indo a Examples, 01.Basics, e depois selecionar Blink. As placas Arduino padrão incluem um LED montado na superfície rotulado como "L" ou "LED" ao lado dos LEDs "RX" e "TX", que é conectado ao pino digital 13. Este sketch irá fazer piscar o LED num intervalo regular e é uma forma fácil de confirmar se a sua placa está corretamente configurada e se foi bem sucedido no carregamento do código. Abra o sketch "Blink" e prima o botão "Upload" no canto superior esquerdo para carregar o "Blink" para a placa.

Upload Button:

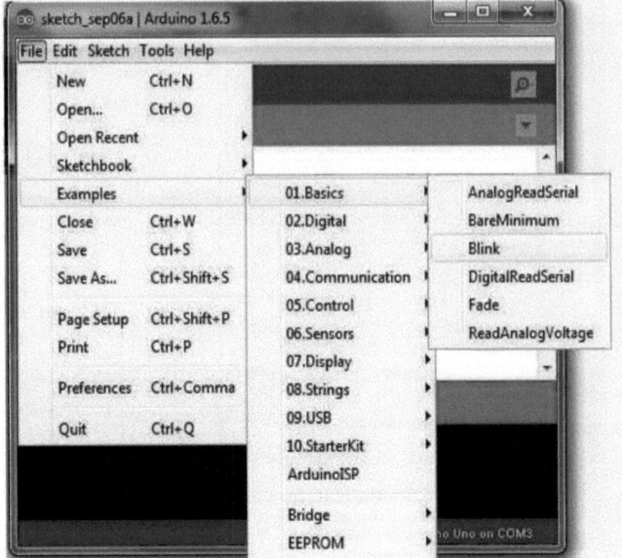

Arduino IDE: Loading Blink Sketch

Plataforma IoT ThingSpeak

ThingSpeak é uma plataforma IoT que permite ao utilizador recolher dados em tempo real; por exemplo, informação climática, dados de localização e outros dados de dispositivos. O ThingSpeak pode integrar o IoT:bit (micro:bit) e outras plataformas de software/ hardware. Através do IoT:bit, pode carregar dados de sensores para o ThingSpeak (por exemplo, temperatura, humidade, intensidade da luz, ruído, movimento, gotas de chuva, distância e outras informações do dispositivo).

Fig. 5.1. Configuração do Thingspeak

Objetivo: precisamos de criar o canal thingspeak e obter a chave

Passo 1

Aceda a https://thingspeak.com/, registe uma conta e inicie sessão na plataforma

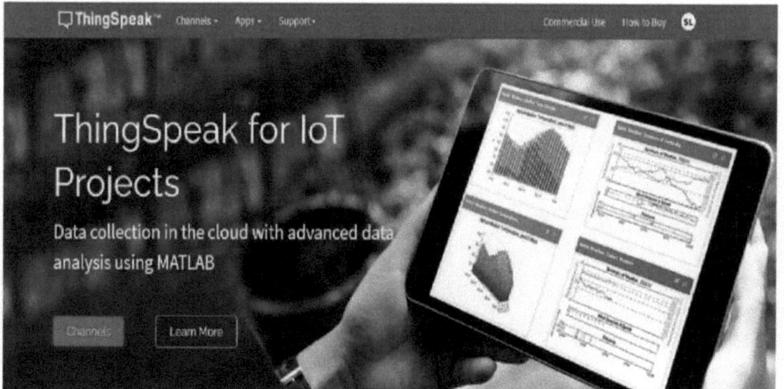

Passo 2

Selecione Canais -> Os meus canais -> Novo canal

Passo 3

Introduzir o nome do canal, Fieldl , e clicar em "Guardar canal"

- Nome do canal: smart-house

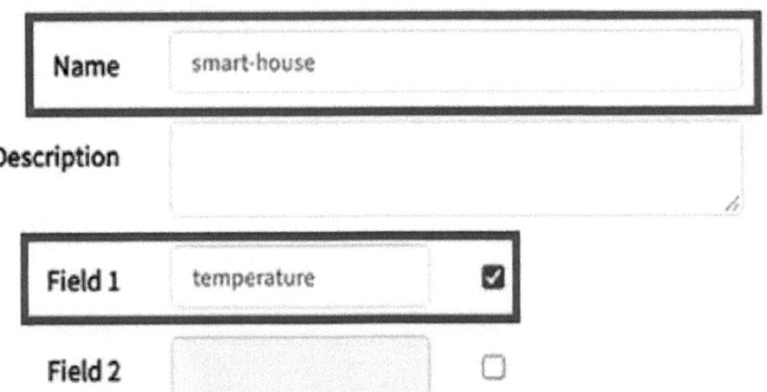

- Campo 1: Temperatura

Passo 4

Verá uma conversação para o campo de dados1

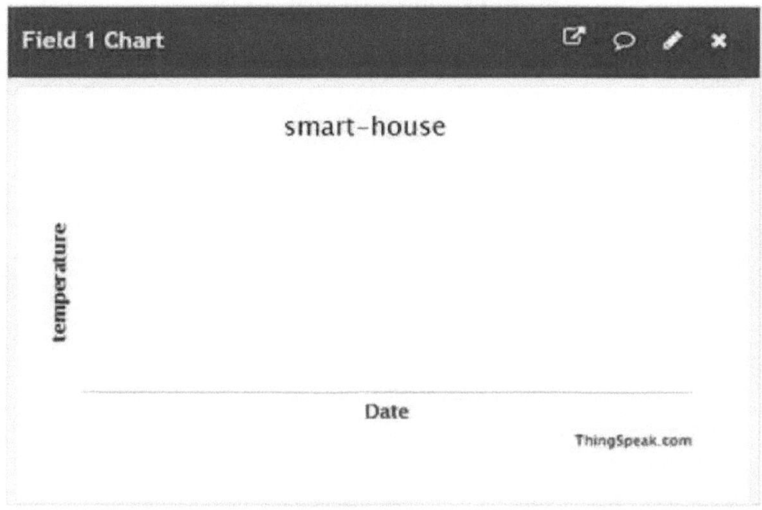

Passo 5

Open your web browser, go to https://thingspeak.com , select your channel > "API Keys" , copy the API key as follows:

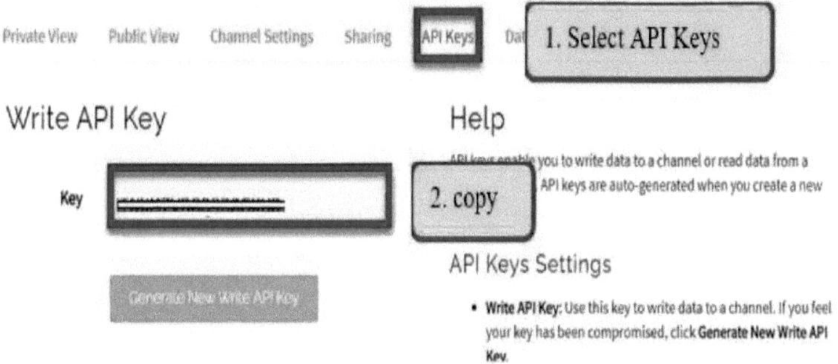

CAPÍTULO 5 : RESULTADO

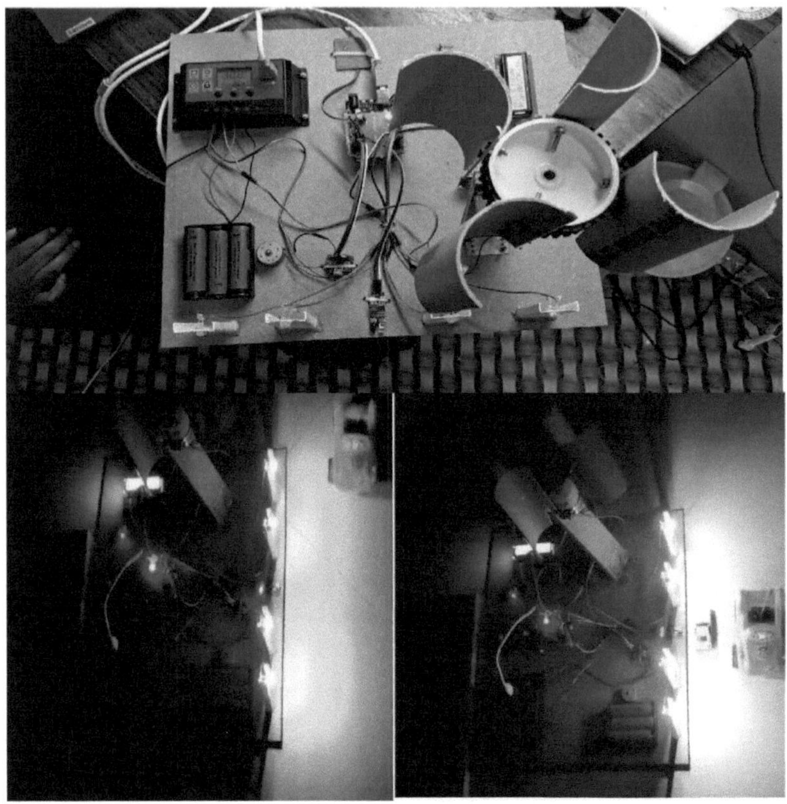

A energia que é produzida pelas turbinas eólicas devido ao movimento rápido dos veículos na autoestrada é basicamente controlada a partir da estação de base através do IOT. A quantidade de energia que é gerada pelas turbinas eólicas é utilizada para iluminar as ruas próximas na autoestrada. As luzes da autoestrada podem ser controladas manual ou automaticamente, e o LDR é utilizado para detetar a hora do dia/noite, com base no sinal do LDR, o controlador liga/desliga as luzes. Se o objeto não for detectado, ou seja, se não houver veículos a passar pela luz da estrada, o brilho das luzes diminui.

CAPÍTULO 6 : CONCLUSÃO E ÂMBITO FUTURO

Conclusão:

Em conclusão, o desenvolvimento de um sistema de monitorização da energia solar e da energia eólica utilizando microcontroladores Arduino oferece uma solução prática para melhorar a eficiência e a fiabilidade dos sistemas de energias renováveis. Embora existam certas limitações e desafios, os benefícios da recolha de dados em tempo real, a relação custo-eficácia e a escalabilidade fazem deste projeto uma contribuição valiosa para o domínio da gestão sustentável da energia.

O âmbito futuro:

- As futuras melhorias e extensões do projeto poderão incluir:
- Integração de análise preditiva e algoritmos de aprendizagem automática para previsão avançada de desempenho e deteção de anomalias.
- Desenvolvimento de aplicações móveis ou interfaces baseadas na Web para monitorização e controlo remoto de sistemas de energias renováveis.
- Implementação de capacidades de monitorização do armazenamento de energia para otimizar a utilização das baterias e aumentar a resiliência do sistema.
- Colaboração com parceiros industriais e partes interessadas para validar o desempenho do sistema em aplicações e ambientes reais.

CAPÍTULO 7 : Referências

1. Shafie, S.M., Mahlia, T.M.I., Masjuki, H.H. e Andriyana, A. (2011) Current energy usage and sustainable energy in Malaysia: A review, Renewable and Sustainable Energy Reviews, Vol. 15(9), pp. 4370-4377. https://doi.Org/10.1016/j.rser.2011.07.113

2. Geun Young Yun, Hyo Joo Kong, Hyoin Kim e Jeong Tai Kim (2012) A field survey of visual comfort and lighting energy consumption in open plan offices, Energy and Buildings, vol. 46 (2012), pp. 146-151.

3. Azlina, A.A. and Kamaludin, Mahirah & Abdullah, E.S.Z.E. & Radam, Alias (2016) Factores que influenciam a procura de eletricidade para uso doméstico final na Malásia. 22. 41204123. 10.1166/asl.2016.8189.

4. Tejman Chaim, Henry (2012) Bends of light explanation, recuperar de http://www.grandunifiedtheory.org.il/Book9/Bends oflight.htm 5. Welhenge, Anuradhi (2014) Sistema de controlo da iluminação para poupança de energia. 8.º Simpósio de Modelação da Ásia, pp. 53-55

5. Dr.P.Ilamathi, Ragunath L, Senthilvel S, "Geração de energia híbrida através de turbina eólica Savonius de eixo vertical e painel solar" Revista Internacional de Investigação Inovadora em Ciência e Tecnologia, vol 2, Issue 11, ISSN:2349-6010, abril de 2016

6. Ibrahim Al-Bahadly, "Building a wind turbine for rural home.Energy forSustainable" Development 13, pp-159-165,2009.

7. Mohammed Hadi Ali, "Estudo de comparação experimental para a turbina eólica Savonius de duas e três pás a baixa velocidade do vento" International Journal of Modern Engineering Research (IJMER) www.ijmer.com Vol. 3, Issue. 5, pp-2978-2986 ISSN:2249-6645, Sep-Oct. 2013

8. Ashish S. Ingole, Prof. Bhushan S. Rakhonde, "Hybrid PowerGeneration System Using Wind Energy and Solar Energy" International Journal of Scientific and Research Publications, Volume5, Issue 3, ISSN 2250-3153, março de 2015.

9. Niranjana.S.J, "Power Generation by Vertical Axis Wind Turbin" International

Journal of Emerging Research in Management and Technology, volume 4, Issue 7, ISSN:2278-9359.

10. J.L.Menet, "A double-step Savonius rotor for local production of electricity: a design study" Renewable energy 29, pp. 1843-1862,2004.

11. Sayali Arkade, Akshada Mohite, "IOT Based Street Light for Smart City" IJRASET, volume 4, número 8, ISSN: 2321-9653, dezembro de 2016.

12. Mahaveer Penna; J J Jijesh; Dileep Reddy Bolla; M S Pramod; P. Satya Srikanth, "Reconfiguring CPLD to perform operations based on sequence detection condition", Proceedings of 2016 IEEE International Conference on Recent Trends in Electronics, Information & Communication Technology(RTEICT), ISBN: 978-1-5090-0774-5, DOI: 10.1109/RTEICT.2016.7807883, pp. 554-558, May 2021,2016.

13. Shivashankar, "Design and development of new apparatus in VANET's for safety and accident avoidance" Proceedings of IEEE International Conference on Recent Trends in Electronics, Information & Communication Technology (RTEICT), ISBN: 978-15090-0774-5, DOI:

14. Shivashankar, "Development of agile frequency synthesizer", Actas da Conferência Internacional do IEEE sobre Tendências Recentes em Eletrónica, Tecnologias da Informação e da Comunicação (RTEICT), ISBN: 978-1-5090-0774-5, DOI: 10.1109/RTEICT.2016.7808175.

15. Mohammed Hadi Ali, "Estudo de comparação experimental para a turbina eólica Savonius de duas e três pás a baixa velocidade do vento" International Journal of Modern Engineering Research (IJMER) www.ijmer.com Vol. 3, Issue. 5, pp-2978-2986 ISSN:2249-6645, Sep-Oct. 2013

16. Ashish S. Ingole, Prof. Bhushan S. Rakhonde, "Hybrid PowerGeneration System Using Wind Energy and Solar Energy" International Journal of Scientific and Research Publications, Volume5, Issue 3, ISSN 2250-3153, março de 2015.

17. Niranjana.S.J, "Power Generation by Vertical Axis Wind Turbin" International Journal of Emerging Research in Management and Technology, volume 4, Issue 7, ISSN:2278-9359.

18. J.L.Menet, "A double-step Savonius rotor for local production of electricity: a design study" Renewable energy 29, pp. 1843-1862,2004.

19. Sayali Arkade, Akshada Mohite, "IOT Based Street Light for Smart City" IJRASET, volume 4, número 8, ISSN: 2321-9653, dezembro de 2016.

20. Mahaveer Penna; J J Jijesh; Dileep Reddy Bolla; M S Pramod; P. Satya Srikanth, "Reconfiguring CPLD to perform operations based on sequence detection condition", Proceedings of 2016 IEEE International Conference on Recent Trends in Electronics, Information & Communication Technology(RTEICT), ISBN: 978-1-5090-0774-5, DOI: 10.1109/RTEICT.2016.7807883, pp. 554-558, May 2021,2016.

21. Shivashankar, "Design and development of new apparatus in VANET's for safety and accident avoidance" Proceedings of IEEE International Conference on Recent Trends in Electronics, Information & Communication Technology (RTEICT), ISBN: 978-15090-0774-5, DOI:

Printed by Books on Demand GmbH, Norderstedt / Germany